Handbuch der Zoologie
Handbook of Zoology
Band/Volume VIII Mammalia
Teilband/Part 57

Zdenek Halata
Die Sinnesorgane der Haut und der Tiefensensibilität

Handbuch der Zoologie

Eine Naturgeschichte der Stämme des Tierreiches

Handbook of Zoology

A Natural History of the Phyla of the Animal Kingdom

Gegründet von / Founded by Willy Kükenthal
Fortgeführt von / Continued by M. Beier, M. Fischer, J.-G. Helmcke, D. Starck, H. Wermuth

---

Band/Volume VIII Mammalia Teilband/Part 57

Herausgeber/Editors J. Niethammer, H. Schliemann, D. Starck
Schriftleiter/Managing Editor H. Wermuth

W DE G **Walter de Gruyter · Berlin · New York 1993**

Zdenek Halata

Die Sinnesorgane der Haut und der Tiefensensibilität

Walter de Gruyter · Berlin · New York 1993

Autor/Author

Professor Dr. med. Zdeněk Halata
Universitäts-Krankenhaus Eppendorf
Abteilung für Funktionelle Anatomie
Martinistraße 52
D-2000 Hamburg 20

Herausgeber/Editors

Professor
Dr. Jochen Niethammer
Zoologisches Institut der
Universität Bonn
Poppelsdorfer Schloß
D-5300 Bonn

Professor
Dr. Harald Schliemann
Zoologisches Institut und
Zoologisches Museum
Martin-Luther-King-Platz 3
D-2000 Hamburg 13

Professor
Dr. med. Dr. phil. h.c. Dietrich Starck
Balduinstraße 88
D-6000 Frankfurt am Main 70

Schriftleiter/Managing Editor

Dr. Heinz Wermuth
Falkenweg 1
D-7149 Freiburg

Verlag/Publisher

Walter de Gruyter & Co.
Genthiner Straße 13
D-1000 Berlin 30
Tel. (030)26005-0
Telefax (030)26005-251

Walter de Gruyter, Inc.
200 Saw Mill River Road
Hawthorne, N.Y. 10532
USA Tel. (914)747-0110
Telefax (914)747-1326

Das Buch enthält 61 Abbildungen.

Satz und Druck: Tutte-Druckerei GmbH, Salzweg-Passau – Buchbinder: Luderitz & Bauer GmbH, Berlin – Printed in Germany:

∞ Gedruckt auf säurefreiem Papier, das die US-ANSI-Norm über Haltbarkeit erfüllt.

Die Deutsche Bibliothek – CIP-Einheitsaufnahme

Handbuch der Zoologie : eine Naturgeschichte der Stämme des Tierreiches / gegr. von Willy Kükenthal. Fortgef. von M. Beier ... – Berlin ; New York : de Gruyter
Teilw. mit Parallelt.: Handbook of zoology
NE: Kükenthal, Willy [Begr.]; Beier, Max [Hrsg.]; PT
Halata, Zdeněk:
Die Sinnesorgane der Haut und der Tiefensensibilität / Zdeněk Halata. – Berlin ; New York : de Gruyter, 1993
(Handbuch der Zoologie ; Bd. 8. Mammalia, Teilbd. 57)
ISBN 3-11-012829-2
Bd. 8. Mammalia.
Teilbd. 57. Halata, Zdeněk: Die Sinnesorgane der Haut und der Tiefensensibilität. – 1993

Inhalt

1. Einleitung

Das zentrale Nervensystem bekommt Informationen aus der Außen- und der Innenwelt des Körpers. Die Informationen aus der Außenwelt erfolgen über verschiedene Sinnesorgane – Auge, Ohr, Nase, Geschmacksknospen – und über die sensiblen Nervenendigungen des Körpers. Allgemein werden solche Systeme als exterozeptive Systeme und die Rezeptoren als Exterozeptoren oder Exterorezeptoren bezeichnet. Die Informationen über die Innenwelt des Körpers werden in propriozeptive und interozeptive Systeme unterteilt (SCHMIDT, 1976; ZIMMERMANN, 1976; SOMJEN, 1983). Dabei informieren die propriozeptiven Systeme das zentrale Nervensystem über die Lage des Körpers im Raum (Rezeptoren der Muskulatur, Muskelfascien, Sehnen und Gelenkkapseln). Die interozeptiven Systeme dagegen informieren das ZNS über den Zustand der Eingeweide, den Blutdruck usw.

Die meisten Sinnesorgane bestehen aus Ansammlungen von Rezeptorenzellen und aus verschiedenen Hilfseinrichtungen (z. B. Trommelfell, Gehörknöchelchen, Perilymphe, Linse, Tränendrüse, u. s. w.). Der Tastsinn dagegen besitzt bis auf einige Ausnahmen (Sinushaare, Eimersche Organe) keine vergleichbaren Hilfseinrichtungen. Die Rezeptoren für den Tastsinn, für Schmerz, Temperatur, Dehnung und Vibration sind im Epithel und unter dem Epithel im Bindegewebe der Haut oder Schleimhaut oder im Bindegewebe der Sehnen, des Periosts, der Faszien, Gelenkkapseln usw. verteilt. Die sensiblen Nervenendigungen sind unterschiedlich strukturierte, verzweigte und/oder erweiterte Enden der Axone der Nervenzellen der Spinalganglien. Die Anzahl der Nervenendigungen variiert. Einige Areale der Schleimhaut und Haut sind von vielen und verschiedenen Typen von Nervenendigungen innerviert (z. B. Zunge, Lippe, Fingerhaut); andere, wie zum Beispiel die Haut des Rückens, werden nur von wenigen Nervenendigungen versorgt.

Die Informationen aus der Peripherie des Körpers (somato-viszerale Sensibilität) laufen über zwei Typen von sensiblen Bahnen – spezifische und nicht-spezifische Systeme – in das zentrale Nervensystem. Die spezifischen werden als lemniskale und die nicht-spezifischen als extra-lemniskale (ZIMMERMANN, 1976) Bahnen bezeichnet. Der erste Abschnitt beider Systeme ist identisch – nämlich das Spinalganglion der Rückenmarksnerven und das sensible Ganglion der Hirnnerven. Nach dem Eintritt in das Rückenmark oder in das verlängerte Mark läuft die phylogenetisch ältere extralemniskale Bahn nach einer Umschaltung im entsprechenden Segment zur anderen Seite des Rückenmarks und als Vorderseitenstrang zum Thalamus. Die Informationen erreichen den Cortex nicht somatotopisch geordnet, sondern das extralemniskale System projiziert diffus. Die Nervenendigungen gehören zu den Nervenfasern vom Typ II, III und IV (Tabelle 1) und übermitteln Informationen über Kälte, Wärme, Schmerz sowie mechanorezeptorische Empfindungen. Das phylogenetisch jüngere lemniskale System läuft nach dem Eintritt in das Rückenmark zuerst ungekreuzt als Fasciculus cuneatus bzw. Fasciculus gracilis im Hinterstrang. Zum Wechsel zur anderen Seite des ZNS kommt es in der Decussatio lemniscorum in Höhe der Medulla oblongata. Informationen, die über diese Bahn das ZNS erreichen, kommen aus den Mechanorezeptoren und wahrscheinlich auch aus den Thermorezeptoren der Haut und der Organe (ZIMMERMANN, 1976). Die Informationen sind in allen Stationen topographisch fest der Körperperipherie zugeordnet, d. h. sie weisen eine Somatotopik auf. Die diffuse, extralemniskale Sensibilität wird auch als protopathische Sensibilität bezeichnet, die somatotopisch geordnete Sensibilität hat einen informativen und diskriminatorischen Charakter und wird als epikritische Sensibilität bezeichnet (SCHMIDT, 1976).

2. Peripherer Nerv – Definitionen der Bestandteile

Die sensiblen Endformationen, die in diesem Buch behandelt werden, bilden den Anfang von Axonen sensibler Neurone in Spinalganglien und sensiblen Ganglien der Hirnnerven. Zunächst soll die Struktur des peripheren Nerven erklärt werden, um jene Strukturen, für die mehrere Bezeichnungen existieren, einheitlich zu definieren.

Das Nervengewebe des peripheren somato-viszeralen Nervensystems besteht aus Neuronen (sensible, sympathische und parasympathische Ganglienzellen) und aus Gliazellen. Die Ganglienzellen liegen in den sensiblen Ganglien der Rückenmarks- und der Hirnnerven sowie in den vegetativen Ganglien und Geflechten des autonomen Nervensystems (z. B. Truncus sympathicus, parasympathische Ganglien der Hirnnerven und des Plexus myentericus und Plexus submucosus). Die Neurone bestehen aus einem Zellkörper, dem Perikaryon, und aus Ausläufern. Allgemein werden die Ausläufer als afferente, zum Perikaryon führende Dendriten und efferente, vom Perikaryon wegführende Neuriten bezeichnet. Im zentralen Nervensystem führen die Dendriten keine Markscheide und liegen in der grauen Substanz des Rückenmarks und des Hirns; die Neuriten besitzen überwiegend eine Markscheide (Myelinscheide) und verlaufen in der weißen Substanz von Rückenmark und Hirn. Das sensible Neuron des Spinalganglions und der sensiblen Ganglien der Hirnnerven bildet eine Ausnahme unter den Nervenzellen; für seine Ausläufer existieren mehrere Bezeichnungen. Es wird als eine bipolare Nervenzelle angelegt, und während der Entwicklung wandern seine beiden Ausläufer zu einem Pol des Perikaryons, bis sie schließlich einen gemeinsamen Ursprung haben (pseudounipolare Ganglienzelle – Abb. 1). Die Funktion jedoch – die Erregung zum Perikaryon hin- und vom Perikaryon weg zu leiten – haben die Ausläufer beibehalten. Dies spiegelt sich in der Nomenklatur wieder. Einige Lehrbücher bezeichnen den peripheren, afferenten Ausläufer als Dendriten und den zentralen, efferenten Ausläufer als Neuriten. Einige Autoren nennen sowohl den afferenten, peripheren als auch den zentralen Ausläufer Neurit z. B. MUNGER (1965). Der efferente Ausläufer von Nervenzellen wird in der neueren Literatur einheitlich als Axon bezeichnet (BERTHOLD, 1978; PETERS et al., 1976; WAXMAN, 1972). Bei der pseudounipolaren Nervenzelle des Spinalganglions und der Hirnnerven ist die Struktur des afferenten und efferenten Schenkels des Ausläufers identisch (Abb. 1), so daß man sie beide als Axon bezeichnet (BERTHOLD, 1978; WAXMAN, 1972). In dieser Abhandlung wird daher für den afferenten Ausläufer der meistbenutzte Begriff Axon verwandt.

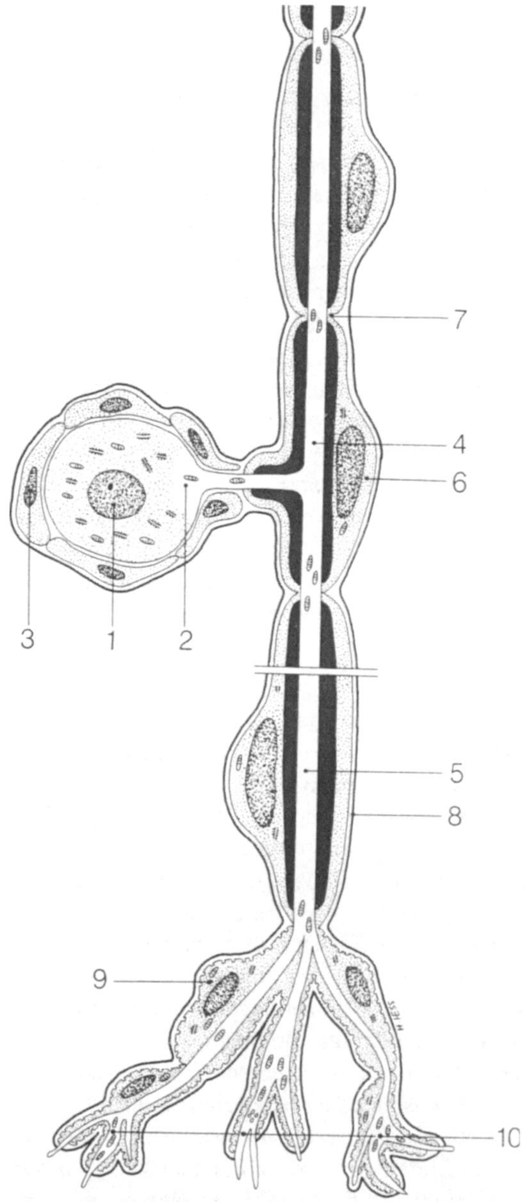

Abbildung 1: Nervenzelle eines Spinalganglions, halbschematische Darstellung. 1 – Perikaryon mit Nucleus, 2 – Axonhügel, 3 – Satellitenzelle, 4 – zentraler Schenkel des Axons (in der Radix dorsalis), 5 – peripherer Schenkel des Axons (im N. spinalis), 6 – Schwannsche Zelle mit Markscheide, 7 – Ranvierscher Schnürring, 8 – Basallamina, 9 – terminale Schwannsche Zelle, 10 – Nerventerminale.

Die Gliazelle des peripheren Nervensystems erscheint in drei Abwandlungen: Im Spinalganglion umhüllt sie die Perikaryen und wird als Satellitenzelle – Amphicyt – bezeichnet. Sie bildet hier keine Markscheide. Im peripheren Nerv existieren zwei Typen von Gliazellen, nämlich die sogenannte Schwannsche Zelle, die in 0,5–2 mm langen Abschnitten (Internodien) eine Markscheide um die Axone bildet, und eine Gliazelle, die keine Markscheide bildet. Sie umgibt die peripheren Ausläufer von Spinalganglienzellen und von Zellen des autonomen Nervensystems und wird als Remaksche Zelle bezeichnet (CAUSEY, 1960). Die Schwannsche Zelle umhüllt in einem Abschnitt nur ein Axon, die Remaksche Zelle kann mehrere Axone in einem Abschnitt umgeben (Abb. 2 und 3). Sowohl die Schwannsche als auch die Remaksche Zelle sind gegen das Bindegewebe des peripheren Nervs (Endoneurium) durch eine Basallamina abgegrenzt. Das Axon mit der Gliazelle und der Basallamina wird als Nervenfaser bezeichnet. Oft wird der Terminus Nervenfaser als Kompromißlösung für die Begriffe Axon, Dendrit und peripherer Neurit verwendet (SOMJEN, 1983).

Im peripheren Nerven werden zwei Typen von Nervenfasern unterschieden (Tabelle 1): die markhaltigen und die marklosen. Der Axondurchmesser markhaltiger Nervenfasern variiert zwischen 1–20 µm, während der Durchmesser der Axone markloser Nervenfasern nur etwa zwischen 0,5–1,5 µm (BERTHOLD, 1978; SOMJEN, 1983) dick ist. Bei den marklosen kann es sich um sensible C-Fasern handeln; dann umhüllt eine Gliazelle in einem Abschnitt nur ein Axon, oder um postganglionäre vegetative Nervenfasern, dann werden mehrere Axone von einer Gliazelle umgeben. Die Grenzen zwischen den Schwannschen Zellen, die eine Markscheide bilden, werden als Ranviersche Schnürringe bezeichnet. Die Grenzen zwischen den Remakschen Zellen dagegen haben keine Bezeichnung, die Länge der Remakschen Zellen wird auf 200–300 µm geschätzt (PEYRONNARD et al., 1973, 1975).

Zwischen den markhaltigen und den marklosen Nervenfasern des peripheren Nervs befindet sich Bindegewebe, das als Endoneurium bezeichnet wird (Abb. 2, 3 und 4). Das Endoneurium führt Blutgefäße – Vasa nervorum (ca. 1 Blutgefäß auf 25 Nervenfasern) – (MARCARIAN und SMITH, 1968), deren Endothel die Blut-Nerven-Schranke bildet. Bei einigen Tierspezies (z. B. *Macaca mulatta*) ist diese Schranke nicht vollständig. Sie fehlt regelmäßig im Spinalganglion (OLSSON, 1968, 1971; OLSSON und REESE, 1971). Das Bindegewebe des Endoneuriums besteht aus kollagenen Fibrillen, wenigen elastischen Fasern, aus Fibroblasten und Mastzellen. Die kollagenen Fibrillen geben dem peripheren Nerven seine Zugfestigkeit. Ihr spiralförmiger Verlauf gibt den Nerven eine gewisse Dehnungsreserve. Topographisch und funktionell ist das endoneurale Bindegewebe mit der Pia mater des ZNS verwandt. Die Nervenfasern mit dem Endoneurium sind nach außen vom Perineurium umgeben (Abb. 2, 3 und 4). Das Perineurium besteht aus Schichten flacher Zellen, die an beiden Außenflächen von einer Basalmembran umhüllt sind, und aus kollagenen Fibrillen, die zwischen den Basalmembranen benachbarter perineuraler Zellen parallel zur Längsachse des Nervs verlaufen. Die kollagenen Fibrillen haben einen Durch-

Tabelle 1: Klassifizierung der peripheren Nervenfasern nach Struktur, Leitungsgeschwindigkeit und Funktion (Warmblüter, 37 °C) aus BROMM (1985).

	Mittlerer Faserdurchmesser, (µm)	Leitungsgeschwindigkeit (m/s)	Funktion	Einteilung nach *Lloyd/Hunt*	Einteilung nach *Erlanger/Gasser*
markhaltig	15	50–120	primäre Afferenzen von Muskelspindeln;	Ia	
			Efferenzen zu Skelettmuskeln;	–	Aα
			Afferenzen von Sehnenorganen.	Ib	
	8	30–70	mechanosensible Afferenzen von Haut und Gelenken; sekundäre Afferenzen von Muskelspindeln.	II	Aβ
	5	15–30	Efferenzen zu Muskelspindeln.	–	Aγ
	3	12–25	Afferenzen für Temperatur, Schmerz, tiefe Druckempfindlichkeit, Gelenkstellungen; evtl. auch viszerale mechanosensible Afferenzen.	III	Aδ
	3	3–15	efferente präganglionäre vegetative Nervenfasern;	–	B
marklos	< 1	0,5–2	efferente postganglionäre vegetative Nervenfasern;	–	
			Afferenzen für Temperatur, Schmerz, evtl. Jucken, und für diffuse taktile Empfindungen von Haut und Eingeweide	IV	C

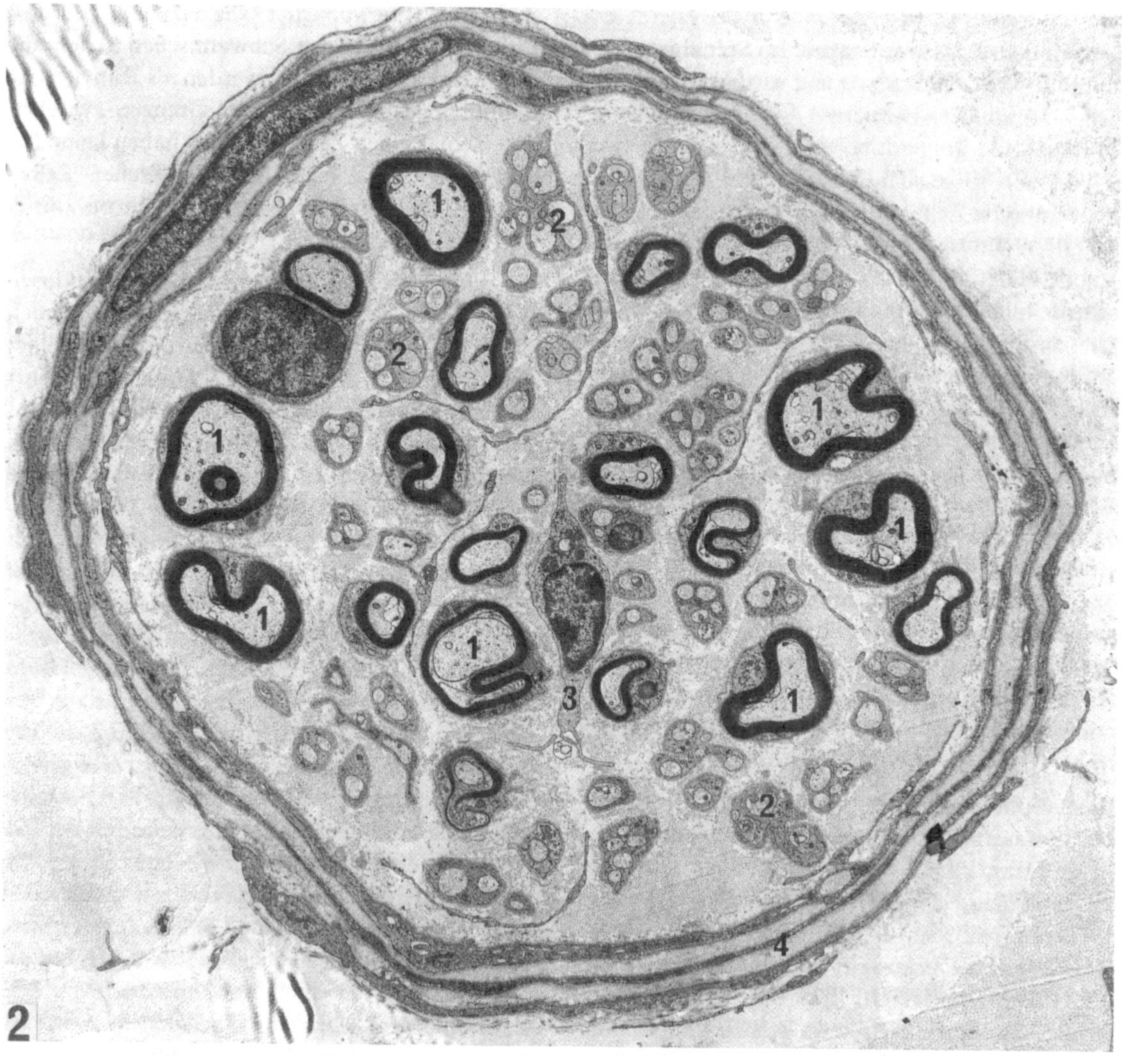

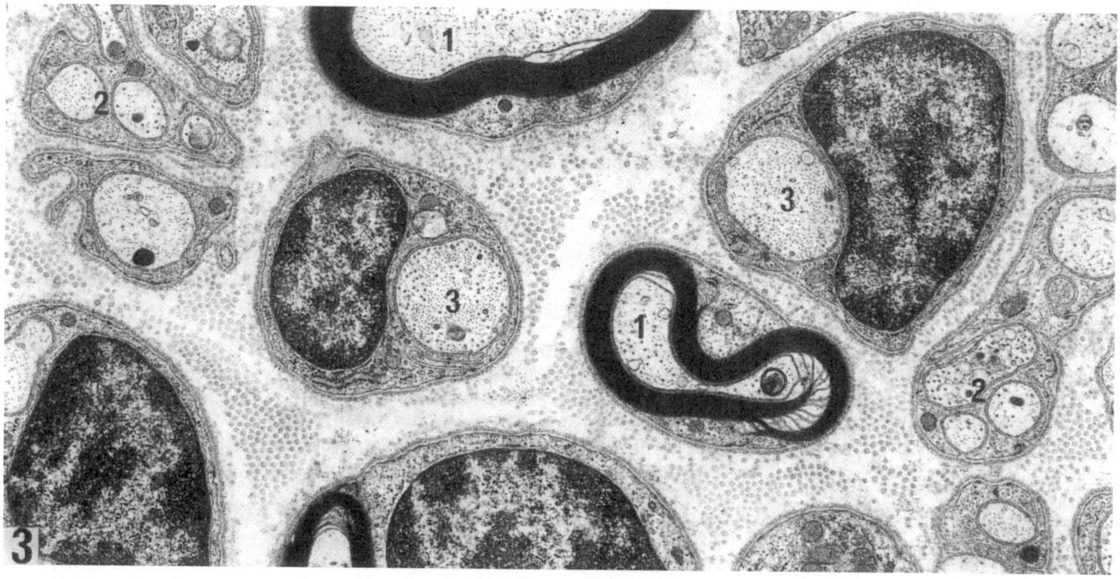

Abbildung 2: Peripherer Nerv im Querschnitt. Der periphere Nerv besteht aus markhaltigen (1) und marklosen (2) Axonen. Das Endoneurium wird durch kollagene Fasern und Fibroblasten (3) gebildet. Nach außen wird der periphere Nerv von einem dreischichtigen Perineurium (4) umschlossen. Affe, Kniegelenkkapsel; EM Bild, 3015 X.

Abbildung 3: Peripherer Nerv im Querschnitt. Bei stärkerer Vergrößerung kann man deutlich die markhaltigen Axone (1) von den marklosen unterscheiden. Die marklosen Axone kommen in zwei Varianten vor: als vegetative Fasern (2) und sensible C-Fasern (3). Hund (*Canis lupus* f. familiaris), Kniegelenkkapsel; EM Bild, 9400X.

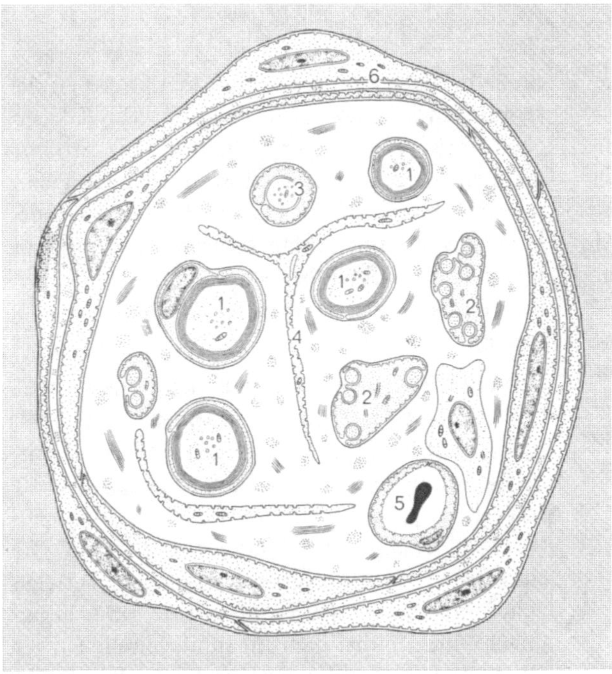

Abbildung 4: Peripherer Nerv im Querschnitt. Halbschematische Darstellung. 1 – markhaltige Nervenfasern, 2 – marklose vegetative Nervenfasern, 3 – marklose sensible Nervenfasern, 4 – Fibroblastenausläufer, 5 – Blutkapillare, 6 – Perineurium.

messer von 50 nm, an einigen Stellen finden sich hier auch elastische Fasern (THOMAS und JONES, 1967). Die Anzahl der Schichten des Perineuriums ist von der Dicke des Nerven und von seiner Entfernung zum Zentralnervensystem abhängig (SHANTHAVEERAPPA und BOURNE, 1962, 1964; SHANTHA und BOURNE, 1968). Dickere Nerven haben im allgemeinen mehrere Schichten perineuraler Zeller, dünnere Nerven können sogar ohne perineurale Scheide sein. Das Perineurium wird auch als perineurales Epithel oder Perineurothel bezeichnet (KERJASCHKI und STOCKINGER, 1970). Nach außen ist das Perineurium von Epineurium umhüllt. Das Epineurium besteht aus Bündeln kollagener Fibrillen, die überwiegend parallel zur Längsachse des Nervs verlaufen. Das Perineurium entspricht topographisch und funktionell dem Arachnothel des ZNS, das Epineurium der Dura mater (SHANTHAVEERAPPA und BOURNE, 1964; POLACEK und HALATA, 1965). Peri- und Epineurium bilden die Leitschiene für die Nervenfasern. Die perineurale Schicht bildet bei erwachsenen Individuen eine Barriere für verschiedene Stoffe (OLSSON und KRISTENSSON, 1973; KRISTENSSON und OLSSON, 1976; OLDFORS, 1980, 1981; SAKADA und SASAKI, 1984). Diese Barriere fehlt nach (BURKEL, 1966, 1967) in der Peripherie an den Enden der Nerven, weiter an den Stellen, an denen die Blutgefäße in die peripheren Nerven eintreten, und schließlich an einigen Stellen, an denen kollagene Fibrillen aus der Umgebung in das Endoneurium eintreten.

3. Sensible Nervenendigungen – Definition der Bestandteile

Die sensiblen Nervenendigungen bestehen aus einem neuralen, einem glialen und einem bindegewebigen Bestandteil. Menge und jeweilige Anordnung der einzelnen Bestandteile sind an die Umgebung des Gewebes angepaßt und bestimmen Form, Größe und Typ der Nervenendigung. Sie ermöglichen die optimale Übertragung von Reizen auf das Nerventerminale und bestimmen somit zum Teil die Funktion der Nervenendigung. Der neurale Bestandteil besteht aus dem Axon einer sensiblen Ganglienzelle des Spinal- oder des Hirnnerven. Der Durchmesser der Axone ist vom Typ der Nervenendigung abhängig (FREEMAN and WYKE, 1967). Beispielsweise sind in der Kniegelenkkapsel der Katze die Durchmesser der Axone im ersten Internodium für jeden Typ der Nervenendigung spezifisch. Je komplizierter die Struktur der Nervenendigung ist, desto größer sind die Axondurchmesser (NOVOTNY, 1973). Das Axonterminale kann sich mehrfach verzweigen und kann in den distalen Abschnitten an seinen Enden Auftreibungen aufweisen (ANDRES und VON DÜRING, 1973). Es enthält Ansammlungen von Mitochondrien und Vesikeln, die elektronenoptisch leer oder osmiophil sein können, außerdem Neurotubuli und Neurofilamente, die eine unregelmäßige, terminale Anordnung aufweisen (HALATA und MUNGER, 1983). Die zytoplasmatische Membran des Axons (Axolemm) kann schmale, unterschiedlich lange Fortsätze, Spiculae, in die Umgebung schicken.

Der gliale Bestandteil wird von der terminalen Schwannschen Zelle gebildet. Synonym werden Teloglia (CAUSEY, 1960), modifizierte Schwannsche Zelle (POLACEK und HALATA, 1970; HALATA, 1975), „Schwann receptor cell" (CHOUCHKOV, 1978) oder „lamellar cell" (IDE, 1976, 1982c; IDE et al., 1983) benutzt. Die terminale Schwannsche Zelle bildet keine Markscheide. Sie umhüllt auf unterschiedliche Art und Weise die terminalen Axone der Nervenendigung. Die Anordnung der oft sehr flachen zytoplasmatischen Lamellen der terminalen Schwannschen Zelle gibt dem Körperchen seine typische Form. Die Hülle der terminalen Schwannschen Zelle kann unvollständig sein (meist bei den freien Nervenendigungen) oder kann sogar komplizierte symmetrische Systeme bilden (Innenkolben bei den Pacinischen Körperchen der Säuger und Herbstschen Körperchen der Vögel).

Der bindegewebige Bestandteil kann die größten Unterschiede im Aufbau aufweisen. Es handelt sich hier um Abkömmlinge des Endoneuriums, Perineuriums und Epineuriums. Je größer die Nervenendigungen sind, umso mehr Komponenten der bindegewebigen Hüllen weisen sie auf. Die einfachsten freien Nervenendigungen besitzen keine bindegewebige Komponente und liegen „nackt" im Epithel oder im Bindegewebe einiger Organe. Die Dehnungsrezeptoren des Bewegungsapparates haben neben der endoneuralen Komponente eine unvollständige perineurale Komponente – die Kapsel. Die komplizierten Pacinischen Körperchen besitzen eine vollständige, mehrschichtige perineurale Kapsel. Das Epineurium der peripheren Nerven ist mit dem Bindegewebe der Nervenendigung verschmolzen und nicht von der Umgebung zu unterscheiden.

4. Abhängigkeit der Struktur der Nervenendigungen von der Struktur der Umgebung

Die Struktur der sensiblen Nervenendigungen ist von der Struktur der Umgebung abhängig (HALATA, 1975). Es existieren sensible Nervenendigungen, die nur im Epithel der Haut und des Haarfollikels vorkommen (Merkelsche Nervenendigungen), Nervenendigungen des straffen Bindegewebes (Ruffinische Körperchen und Golgi-Sehnen Organe), Nervenendigungen der Papillarschicht der Leistenhaut (Meissnersche Körperchen), Nervenendigungen, die im bindegewebigen Haarbalg der Dermis vorkommen (Palisaden von lanzettförmigen Nervenendigungen) und Nervenendigungen der Muskeln (Muskelspindeln). Die Umgebung (die Epidermis, das Bindegewebe der Dermis, die Muskelfaszien, Sehnen, Gelenkkapseln usw.) nimmt die Reize aus der Außen- und/oder Innenwelt auf und überträgt sie auf die Nerventerminalen. In Extremfällen formiert sich die Umgebung zu einem hochspezialisierten Tastorgan, in dem mehrere Typen von Nervenendigungen nebeneinander vorkommen (bei den Säugetieren beispielsweise die Eimer'schen Organe der Zapfenhaut oder die Sinushaare). Das Epithel, das Bindegewebe und die Blutgefäße spielen in den Tastorganen eine ähnliche Rolle wie die Hilfsapparate anderer Sinnesorgane (z. B. das Trommelfell, die Cornea usw.). Von der Struktur der Umgebung unabhängig sind dagegen einige Typen von freien Nervenendigungen (Thermorezeptoren und Nocizeptoren).

5. Klassifikation der sensiblen Nervenendigungen

In der klassischen Nomenklatur tragen die Nervenendigungen überwiegend die Namen der Erstbeschreiber. So kennen wir, den Autorennamen nach, die Merkel'schen Nervenendigungen im Epithel der Haut (MERKEL, 1875, 1878, 1880), die Grandry'schen Körperchen in der Dermis der Vogelhaut (GRANDRY, 1869), die Meissner'schen Körperchen der Papillarschicht der Primaten (WAGNER und MEISSNER, 1852; KÖLLIKER, 1852; MEISSNER, 1853, 1855, 1895), die Pacini'schen (VATER, 1741; PACINI, 1835), die Herbst'schen (HERBST, 1848), die Golgi-Mazzoni'schen (RUFFINI, 1894) und Krause'schen Körperchen (KRAUSE, 1860, 1866a, b, 1881) mit einem Innenkolben und die Ruffini'schen und Golgi-Körperchen des Bindegewebes (GOLGI, 1878; MAZZONI, 1890).

Seit der Zeit von RUFFINI (1905) ist mehrfach versucht worden, die sensiblen Nervenendigungen nach verschiedenen Kriterien zu klassifizieren. So hat zum Beispiel BOTEZAT (1912a und b) die Nervenendigungen nach der Anzahl der Axone in 38 Typen unterteilt. LAVRENTJEV (1947) gliedert die sensiblen Nervenendigungen der vermutlichen Funktion nach in Mechanorezeptoren, Propriorezeptoren, Tensionsrezeptoren, Pressorezeptoren und Chemorezeptoren. Eine andere Möglichkeit (IVANOV, 1949) ist, die Nervenendigungen nach der topographischen Lage zu benennen (z. Beispiel Tendorezeptoren, Periostorezeptoren usw.). Alle diese Versuche haben, anstatt zu vereinfachen, zu sehr komplizierten Klassifikationen geführt.

Eine weitere Schwierigkeit für eine vereinfachende Klassifikation ist die große Variabilität der Nervenendigungen. Die Studien von POLACEK (1961, 1965, 1966) und von MALINOVSKY (1966a, b, c) haben gezeigt, daß die sensiblen Nervenendigungen eine große Variabilität sowohl in der Form als auch in der Größe aufweisen können und darüber hinaus auch speziesabhängige Unterschiede existieren. Das führte dazu, daß die Varianten der Nervenendigungen desselben Typs bei

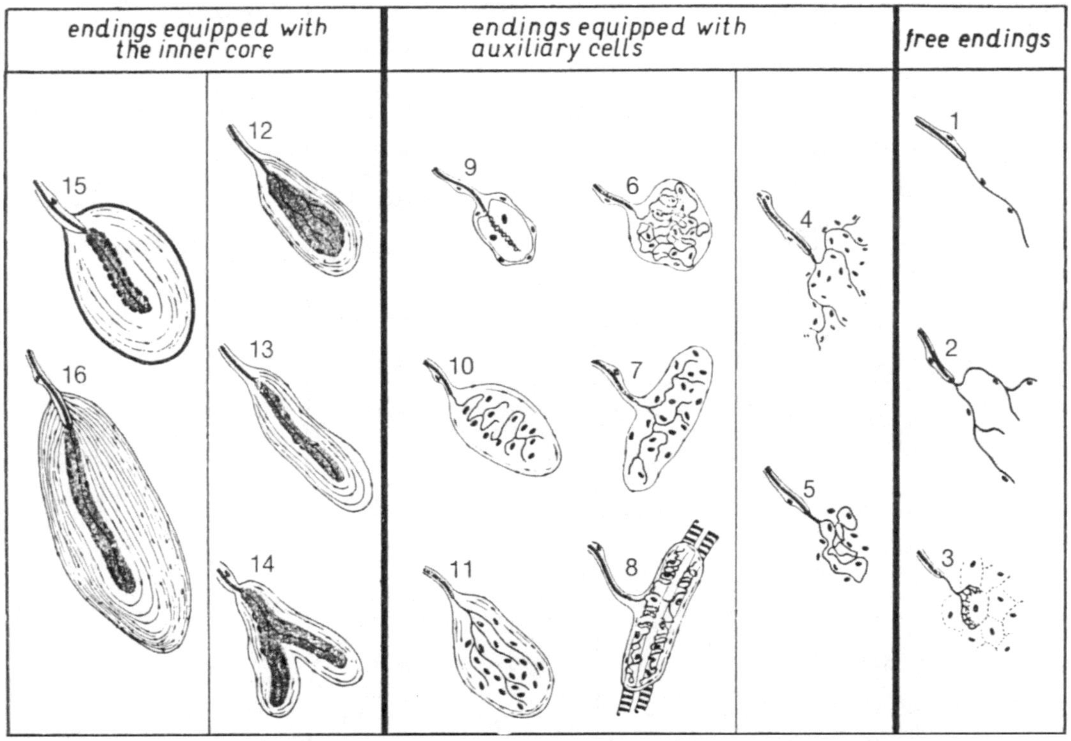

Abbildung 5: Klassifikation sensibler Nervenendigungen aus POLACEK (1966). 1 – einfache freie Nervenendigung, 2 – verzweigte freie Nervenendigung, 3 – Merkelsche Nervenendigung, 4, 5, 6 und 7 – verschiedene Typen von Ruffinischen Körperchen („spray-like endings"), 8 – Muskelspindel, 9 – Grandrysches Körperchen, 10 – Meissnersches Körperchen, 11 – „spray-like" Endigung mit konzentrischen terminalen Schwannschen Zellen, 12 – Golgi-Mazzonisches Körperchen, 13 – paciniformes Körperchen, 14 – verzweigtes paciniformes Körperchen, 15 – Herbstsches Körperchen, 16 – Pacinisches Körperchen.

verschiedenen Arten oft als unterschiedliche Typen verschiedene Namen (paciniform corpuscles, lamellated corpuscles, small Pacinian corpuscles, Krause-Endkolben usw.) bekommen haben.

KADANOFF und GÜROWSKI (1963) beschreiben mit Hilfe von lichtmikroskopischen Untersuchungen im Atmungs- und Intestinaltrakt zwei Gruppen und POLACEK (1966) in den Gelenkkapseln drei Gruppen von sensiblen Nervenendigungen. Im Atmungs- und Intestinalapparat wird eine erste Gruppe von nichteingekapselten von einer zweiten mit eingekapselten Nervenendigungen unterschieden; die Gelenkkapseln besitzen als erste Gruppe die freien Nervenendigungen, als zweite Gruppe die Nervenendigungen mit den „auxiliary cells" (es handelt sich meistens um Schwannsche Zellen), und die dritte Gruppe beinhaltet Nervenendigungen mit einem Innenkolben (Abb. 5). CHOUCHKOV (1978) unterteilt die sensiblen Nervenendigungen der Haut nach dem Vorkommen der Kapsel in nichteingekapselte und eingekapselte Hautrezeptoren. Anhand von elektronenmikroskopischen Untersuchungen der Haut verschiedener Säugetiere wurde ein Versuch unternommen (HALATA, 1975), die Klassifikation der Nervenendigungen zu vereinfachen (Abb. 6).

Neben rein morphologischen Klassifizierungsversuchen wurden nach Einbeziehung physiologischer Untersuchungen andere Einteilungsvorschläge erarbeitet. VON FREY (1894a, b und c)

Endings	Structure	Localization	Synonyms
Free nerve endings	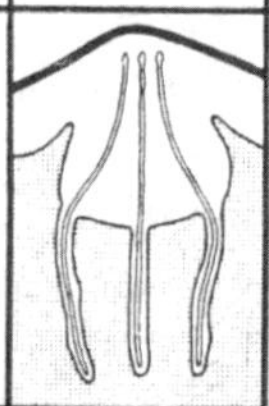	Epidermis: stratum granulosum	
Type I			
Merkel nerve endings	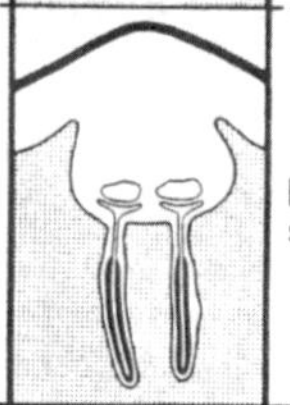	Epidermis: stratum basale	Brown bodies Iggo corpuscles Merkel cell-neurit complex
Simple bulboid nerve endings	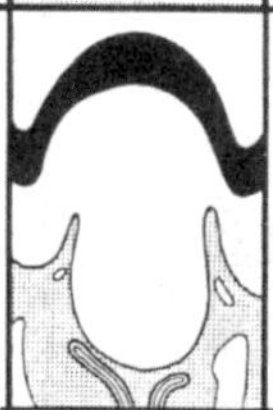	Dermis stratum papillare	Papillary nerve endings Free nerve endings of the dermis
Type II			
Dendritric bulboid nerve endings	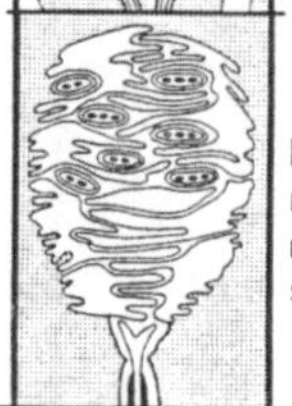	Hair, sinus hair: mesenchymal sheath; ridged skin: stratum papillare	Hair: palisade NE SH: lanciform NE RS: Meissner's corpuscles Ruffini end-bulbs Dogiel end-bulbs Genital corpuscles
Simple encapsulated corpuscle with inner core	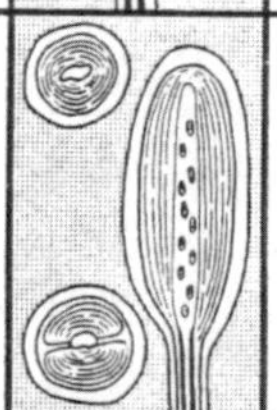	Dermis: below the epidermal cone	Krause end-bulbs Golgi-Mazzoni corpuscles Mucocutaneous end-organs Paciniform corpusles Innominate corpuscles
Type III			
Pacinian corpuscles	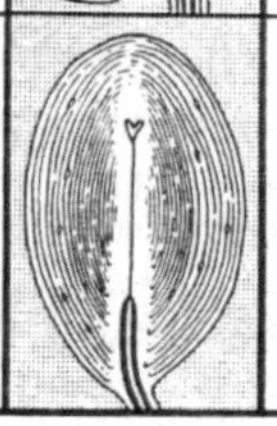	Deep layers of the dermis	Vater-Pacini corpuscles Rauber's end-organs

Abbildung 6: Klassifikation sensibler Nervenendigungen aus HALATA (1975).

Tabelle 2: Klassifizierung der Mechanorezeptoren nach physiologischen Kriterien (aus Iggo und Gottschaldt, 1974).

	Langsam adaptierende Rezeptoren (slowly adapting, SA)	**Schnell adaptierende Rezeptoren (rapidly adapting, RA)**	
Epidermis	Merkelsche Nervenendigung (SA type I)		
oberflächliche Dermis		Haar-Rezeptoren Meissnersches und Grandrysches Körperchen	Herbstsches Körperchen
Subcutis = tiefe Dermis	Ruffinisches Körperchen {Haut}, Lanzeoläre Nervenendigungen (Pilo-Ruffini-Körperchen) {Sinus- und Konturhaare} (SA type II)		Lamelläre Körperchen (Pacinisches und paciniformes Körperchen) Golgi-Mazzonisches Körperchen Herbstsches Körperchen
Tiefe Strukturen im Körperinnern	Muskelspindel (primäre und sekundäre Endigungen) Golgi-Sehnen-Organ Ruffinisches Körperchen		Lamelläre Körperchen (Pacinisches und paciniforme Körperchen)

stellte eine Spezifitätstheorie auf, in der jedem Typ der Nervenendigung eine spezifische Funktion zugewiesen wird. Die Zuordnung war zunächst spekulativ und willkürlich. Erst später wurden kombinierte morphologisch-physiologische Studien an Hautrezeptoren (Iggo und Muir, 1969; Iggo und Ogawa, 1977; Chambers et al., 1972; Biemesderfer et al., 1978; Gottschaldt, 1973, 1974; Gottschaldt und Lausmann, 1974; Gottschaldt und Vahle-Hinz, 1981, 1982; Gottschaldt et al., 1973 und 1982), Gelenkrezeptoren (Freeman und Wyke, 1967; Wyke, 1973) und Muskelrezeptoren (von Düring et al., 1984) durchgeführt, so daß man heute eine morphologische und physiologische Zuordnung für fast alle Typen der Mechanorezeptoren kennt (Iggo, 1966, 1985; Iggo und Andres, 1982; Iggo und Gottschaldt, 1974; Winkelmann, 1988). Die Funktion der Thermorezeption und der Nociception wird den freien Nervenendigungen zugeschrieben.

6. Freie Nervenendigungen

Eines der umstrittensten Kapitel über sensible Nervenendigungen handelt von den „freien" Nervenendigungen. In vielen physiologischen und anatomischen Studien wird der freien Nervenendigung die Funktion eines Nocizeptors zugeschrieben. Im folgenden soll dargelegt werden, daß eine Revision des Begriffs „freie Nervenendigung" unbedingt notwendig ist.

Die freien Nervenendigungen wurden mit Hilfe von Imprägnationsmethoden am Ende des 19. Jahrhunderts dargestellt und beschrieben; Literatur siehe bei Weddel (1954), Winkelmann (1960, 1963, 1988), Halata (1975) und Kruger et al. (1981, 1984, 1985). Mit den Imprägnationsmethoden werden jedoch sowohl die sensiblen als auch die autonomen Nervenfasern dargestellt. Eine Unterscheidung dieser Fasern ist auch mit Hilfe der Elektronenmikroskopie sehr schwierig. Darüber hinaus ist im elektronenmikroskopischen Schnittbild eine Nervenendigung von einem durchlaufenden nichtmyelinisierten Axon nicht mit letzter Sicherheit zu unterscheiden (Andres und von Düring, 1973; Halata und Munger, 1983; Andres et al., 1985, 1987). Anhand der

Struktur klassischer Mechanorezeptoren, wie z. B. von Ruffinischen Körperchen (CHAMBERS et al., 1972; ANDRES und VON DÜRING, 1973; HALATA, 1977a), Meissnerschen Körperchen, Nervenendigungen der Haarfollikel (HALATA und MUNGER, 1983; MUNGER und HALATA, 1983) oder Dehnungsrezeptoren der Hohlorgane (von DÜRING et al., 1974), wurden zunächst die Charakteristika für ein Nerventerminale festgelegt. Nach VON DÜRING et al (1984) und ANDRES et al. (1987) reichen bereits folgende Kriterien, um eine Nervenendigung von durchlaufenden Axonen zu unterscheiden: (a) das Fehlen einer kompletten Schwannschen Scheide, (b) das Vorkommen einer Rezeptorenmatrix und (c) ein stärkerer Kontrast der Axonmembran. Nach HALATA und MUNGER (1983) wurden anhand der Beschreibung der Nervenendigungen in Haarfollikeln für die Identifizierung von Nerventerminalen folgende Kriterien aufgestellt: (a) eine Verdickung des Nerventerminale, (b) die Ansammlung von Mitochondrien, (c) die unregelmäßige Anordnung von Neurofilamenten und Neurotubuli in Netzen, (d) das Vorkommen von Vesikeln, (e) die unvollständige Umhüllung des terminalen Axons durch die terminale Schwannsche Zelle und (f) starke Mikropinozytose der Zellmembran terminaler Schwannscher Zellen.

Am besten ist die Ultrastruktur der freien Nervenendigungen an den Stellen beschrieben, an denen man erfahrungsgemäß keine vegetativen und keine durchlaufenden Nervenfasern vermutet – nämlich in der Epidermis und in der Papillarschicht der Dermis der Haut. Hier ist eine Verwechslung mit vegetativen Nervenfasern sehr unwahrscheinlich. In allen anderen Abschnitten der Haut, des Bewegungsapparates und der inneren Organe ist die Darstellung sensibler Axone und sensibler Nerventerminalen nur mit Hilfe von kombinierten Untersuchungen möglich. In den letzten 15 Jahren wurden folgende Methoden entwickelt und benutzt:

1. Die Ausschaltung des vegetativen Nervensystems durch eine operative Zerstörung des Truncus sympathicus und seiner Äste (LANGFORD und SCHMIDT, 1983; LANGFORD et al., 1984; ANDRES et al., 1985a und b) oder durch eine neurotoxische Behandlung mit Capsaicin, 6-Hydroxydopamin usw. (CUELLO et al., 1978; FITZGERALD, 1983; KRUGER et al., 1985). Die verbliebenen Terminalen der C- und A-delta-Fasern haben aller Wahrscheinlichkeit nach eine sensible Funktion, und man kann sie licht- und elektronenmikroskopisch untersuchen.

2. Die Methode der Serienschnitte, meistens eine Kombination von licht- und elektronenmikroskopischen Untersuchungen (VON DÜRING et al., 1974; CAUNA, 1980; HALATA und MUNGER, 1980a, c; VON DÜRING et al., 1984; ANDRES et al., 1985; HALATA et al., 1985).

3. Die Markierung der sensiblen Axone durch den retrograden axonalen Transport von HRP (horseradish peroxidase) (ROBERTSON und ALDSKOGIUS, 1982; MARFURT und TURNER, 1983; KRUGER et al., 1985; ALDSKONGIUS et al., 1986).

4. Eine Kombination von physiologischen und morphologischen Untersuchungen – markierte Stellen der Haut, Muskelfaszien oder Sehnen mit physiologisch definierten sensiblen Nervenendigungen werden in einer Serie licht- und elektronenmikroskopisch untersucht (CHAMBERS et al., 1972; HENSEL et al., 1974).

5. Der Nachweis von Neuropeptiden in den peripheren Nerven mit Hilfe der Immunhistochemie. Mit Hilfe dieser Methode kann man in den Neuronen, Schwannschen Zellen oder im Perineurium charakteristische Strukturproteine nachweisen (DALSGAARD et al., 1983, 1984; BJÖRKLUND et al., 1986; WEIHE und HARTSCHUH, 1988).

6. Ein Nachweis von Neurotransmittern in den sensiblen Axonen. Nach der heutigen Meinung (KRUGER et al., 1985; BJÖRKLUND et al., 1986) findet man in den sensiblen Axonen die Substanz P oder Neurokinin, in den vegetativen Nervenendigungen das Neuropeptid Y und in beiden Typen der Axone VIP (vasoactive intestinal polypeptide).

Man unterscheidet freie Nervenendigungen der A-delta- und der C-Axone. Die freien Nervenendigungen (FNE) kann man nach topographischen Kriterien (FNE der Haut, der Muskulatur, der Hohlorgane usw.) unterteilen, nach der Art des Gewebes, in dem sich die FNE befinden (epitheliale oder bindegewebige FNE), und schließlich kann man sie der Funktion nach unterteilen in Mechanorezeptoren, Thermorezeptoren und Nocirezeptoren. In diesem Kapitel wird die topographische Einteilung vorgenommen.

6.1 Freie Nervenendigungen der Haut

In der Haut kann man die freien Nervenendigungen der Epidermis und der Dermis unterscheiden.

6.1.1 Freie Nervenendigungen der Epidermis

Die freien Nervenendigungen in der Epidermis verschiedener Säugetiere wurden lichtmikroskopisch von LANGERHANS (1868), PODCOPAEV

(1869), EIMER (1871), MERKEL (1875, 1880), MOJSISOVICS (1876), RANVIER (1880), CYBULSKY (1883), HOGGAN (1884), RETZIUS (1892, 1894), HUSS (1900), LEONTOWITSCH (1901), BOTEZAT (1902a, b, 1907, 1908, 1912a, b), TRETJAKOFF (1902, 1911), PINCUS (1905), BIELSCHOWSKY (1907), KADANOF (1924a, b, 1928), BOEKE (1925, 1926, 1932, 1933a, b, 1934, 1940), JABUREK (1927), WOOLARD (1933), WEDDEL et al. (1954), GOETHE (1965), ONO (1956), MILLER et al. (1958, 1960), CAUNA (1959), LELE und WEDDEL (1959), FITZGERALD (1961), CAUNA und ALBERTI (1961), QUILLIAM (1966a, b), SINCLAIR (1967), RIDLEY (1969), JABONERO und MOYA (1971), NIEWÖHNER und VAN DER ZYPEN (1972) und LOO und KANAGASUNTHERAM (1972, 1973) beschrieben.

Die Elektronenmikroskopie bestätigte das Auftreten freier Nervenendigungen in der Epidermis verschiedener Säugetiere und des Menschen (MUNGER, 1965; ORFANOS, 1965, 1967; HAGEN und WERNER, 1966a, b, 1967; HAGEN, 1968; BÖCK, 1971, 1974; NAFSTAD, 1971; KADANOFF, 1971b, c, d; TSUJI, 1971; SUZUKI und KUROSUMI, 1972; HALATA, 1971b, 1975; ANDRES und VON

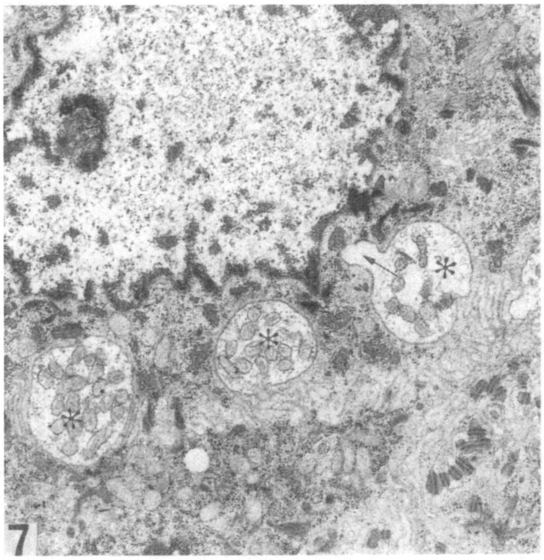

Abbildung 7: Flachschnitt durch das Planum nasale. Die Schnittebene liegt in der oberen Schicht des Stratum spinosum. Drei Nerventerminalen (*) sind in einen Keratinocyten invaginiert. Eine der Nerventerminalen weist eine fingerförmige Ausstülpung (Pfeil) auf. Maulwurf, *Talpa europaea*; EM Bild, 8800 X.

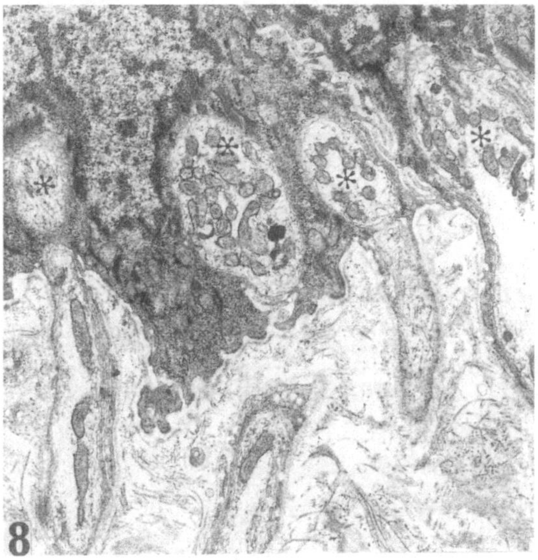

Abbildung 8: Querschnitt durch das Planum nasale. Die verdickten Nerventerminalen (*) sind in das Zytoplasma der Keratinozyten der basalen Schicht der Epidermis invaginiert. Maulwurf, *Talpa europaea*; EM Bild, 8800 X.

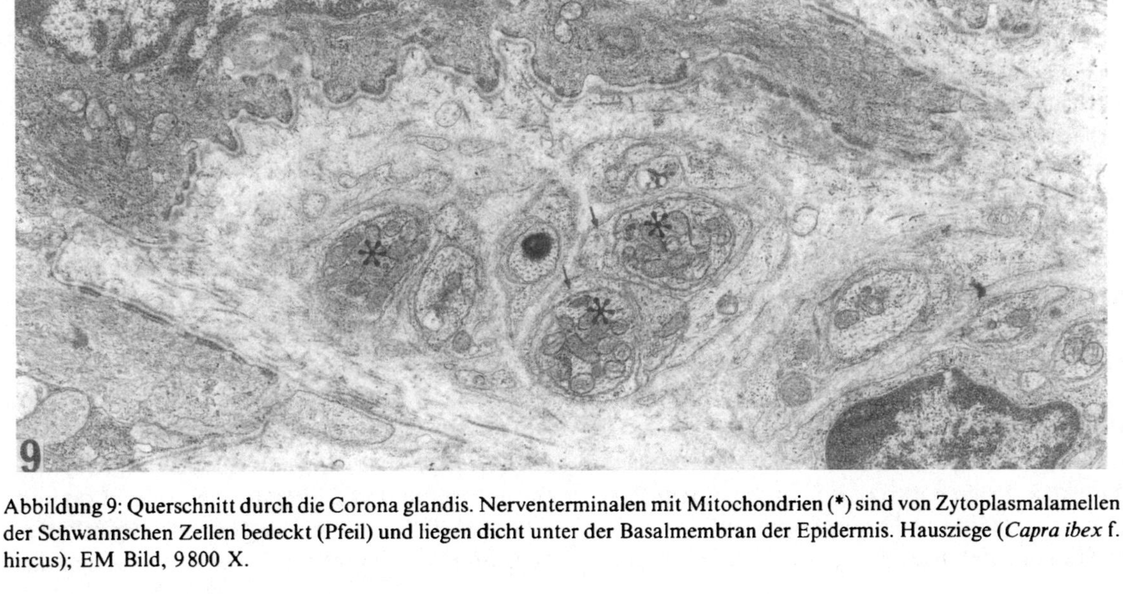

Abbildung 9: Querschnitt durch die Corona glandis. Nerventerminalen mit Mitochondrien (*) sind von Zytoplasmalamellen der Schwannschen Zellen bedeckt (Pfeil) und liegen dicht unter der Basalmembran der Epidermis. Hausziege (*Capra ibex* f. hircus); EM Bild, 9800 X.

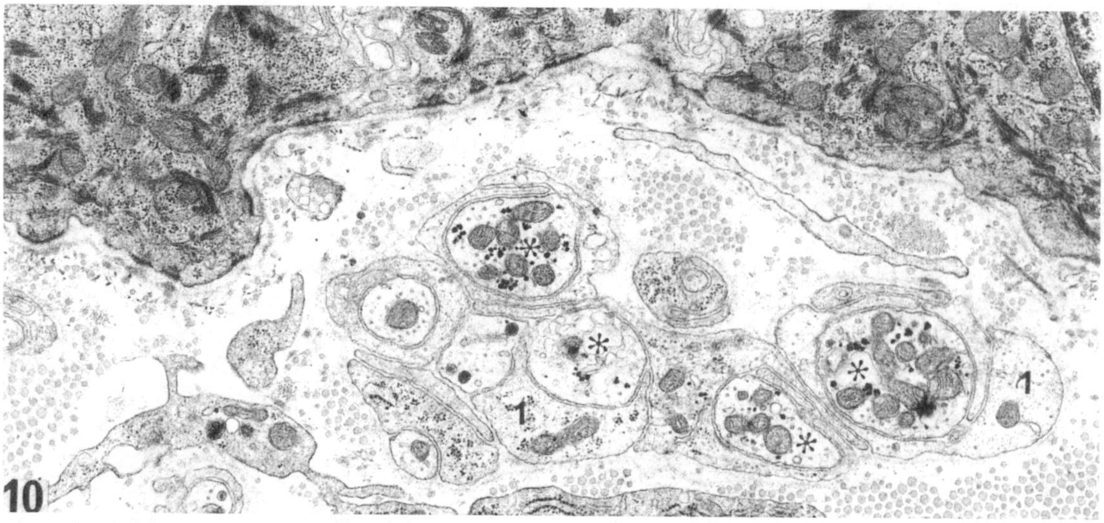

10

Abbildung 10: Querschnitt durch das Planum nasale. Innerhalb einer Schwannschen Zelle (1) liegen mehrere Nerventerminalen (*). In den Nerventerminalen befinden sich Mitochondrien, Vesikel und Glykogengranula. Hauskatze (*Felis silvestris* f. catus); EM Bild, 9800 X.

Düring, 1973; Landmann und Villiger, 1975; Breathnach, 1977a, b; Macintosh, 1975; Cauna, 1980; Landmann und Halata, 1980; Pac und Malinovsky, 1981; Abraham, 1982; Munger und Halata, 1984; Halata and Loo, 1985; Loo und Halata, 1985a, b; Quilliam, 1985; Silverman et al., 1986).

Die freien Nervenendigungen der Epidermis liegen in den sogenannten Zapfen (Halata, 1971a; Loo und Halata, 1985a, b; Silverman et al., 1985). Am besten sind die epidermalen Zapfen in der Haut des Rüssels des Maulwurfs, *Talpa europaea*, (Quilliam, 1966a, b; Halata, 1971b; Andres und von Düring, 1973) ausgebildet (Abb. 7 und 11). Die Anordnung der Nerventerminalen in den Epithelzapfen ist symmetrisch und ihre Anzahl von der Größe der Zapfen abhängig. Die durchschnittliche Anzahl der Terminalen pro Zapfen beträgt ca. 20.

Das afferente Axon in der Dermis ist markhaltig und hat einen Durchmesser von ca. 1–3 µm. Es verliert bereits in der Dermis, 50–100 µm unter der Basalmembran der Epidermis, seine Markscheide und wird hier nur von einer Schwannschen Zelle umhüllt (Abb. 11). An der Durchtrittstelle des Axons durch die Basalmembran der Epidermis verschmilzt die Basallamina der Schwannschen Zelle mit der der Epidermis. In der Epidermis verläuft das Axon meistens senkrecht zur Oberfläche und endet innerhalb des Stratum granulosum oder unter dem Stratum granulosum in der oberflächlichen Schicht des Stratum spinosum (Munger, 1965; Halata, 1971b). In seinem Verlauf weist das Axon Verdickungen auf (Abb. 7), und es können fingerförmige Ausstülpungen auftreten, die in den Spalten zwischen den Zellen des Stratum spinosum liegen oder in die Zellen des Stratum spinosum invaginiert sind.

Die Funktion dieser Nervenendigungen wurde bisher noch nicht untersucht. Ihre Lage, die symmetrische Anordnung im Epithel und ihre Struktur sprechen für eine mechanorezeptorische Funktion.

In der Leistenhaut der Finger und der Zehen wurden sie mit Hilfe der Versilberungsmethoden (Kadanoff, 1924b; Novotny und Gommert-Novotny, 1988) beschrieben. Cauna (1980) schätzt die Anzahl der freien Nervenendigungen in der Epidermis der Fingerhaut des Menschen auf 1–5 pro mm². Er beschreibt die Nerventerminalen mit Hilfe der Elektronenmikroskopie in der Schicht des Stratum spinosum.

Die Zapfen mit ihren freien Nervenendigungen und mit den sogenannten Merkelschen Nervenendigungen dicht oberhalb der Basalschicht wurden zuerst von Eimer (1871) beschrieben und deshalb auch unter der Bezeichnung Eimersches Organ bekannt. Eimersche Organe wurden bisher in der Nase des Maulwurfs, *Talpa europaea* (Mojsisovicz, 1876; Merkel, 1880; Ranvier, 1880; Bielschowsky, 1907; Boeke, 1940; Cauna, 1959; Cauna und Alberti, 1961; Quilliam, 1966a, b; Halata, 1971b, 1975; Andres und von Düring, 1973), in der Schnauze des Göttinger Miniaturschweins (Halata, 1975), in der Nasenhaut verschiedener Marsupialier (amerikanisches Opossum, *Didelphis virginiana* – Munger (1965) *Isoodon macrourus* und *Didelphis virginiana* – Loo und Halata (1985a, b), in der Nase der Hauskatze, *Felis silvestris* f. catus L., (Halata, 1970) und der

Laborratte, *Rattus norvegicus*, (SILVERMAN et al., 1986) beschrieben. Ähnliche Organe wurden auch in der Haut des Schnabels vom Schnabeltier, *Ornithorhynchus anatinus* (QUILLIAM, 1979; ANDRES und VON DÜRING, 1984) beobachtet und als „push rods" bezeichnet. Auch die Tatsache, daß die Eimerschen Organe überwiegend bei nachtaktiven Tieren oder bei Tieren mit rudimentären Augen (Maulwurf) vorkommen, scheint für eine mechanorezeptorische Funktion der freien Nervenendigungen zu sprechen, obwohl auch eine thermorezeptorische Funktion nicht ausgeschlossen werden kann.

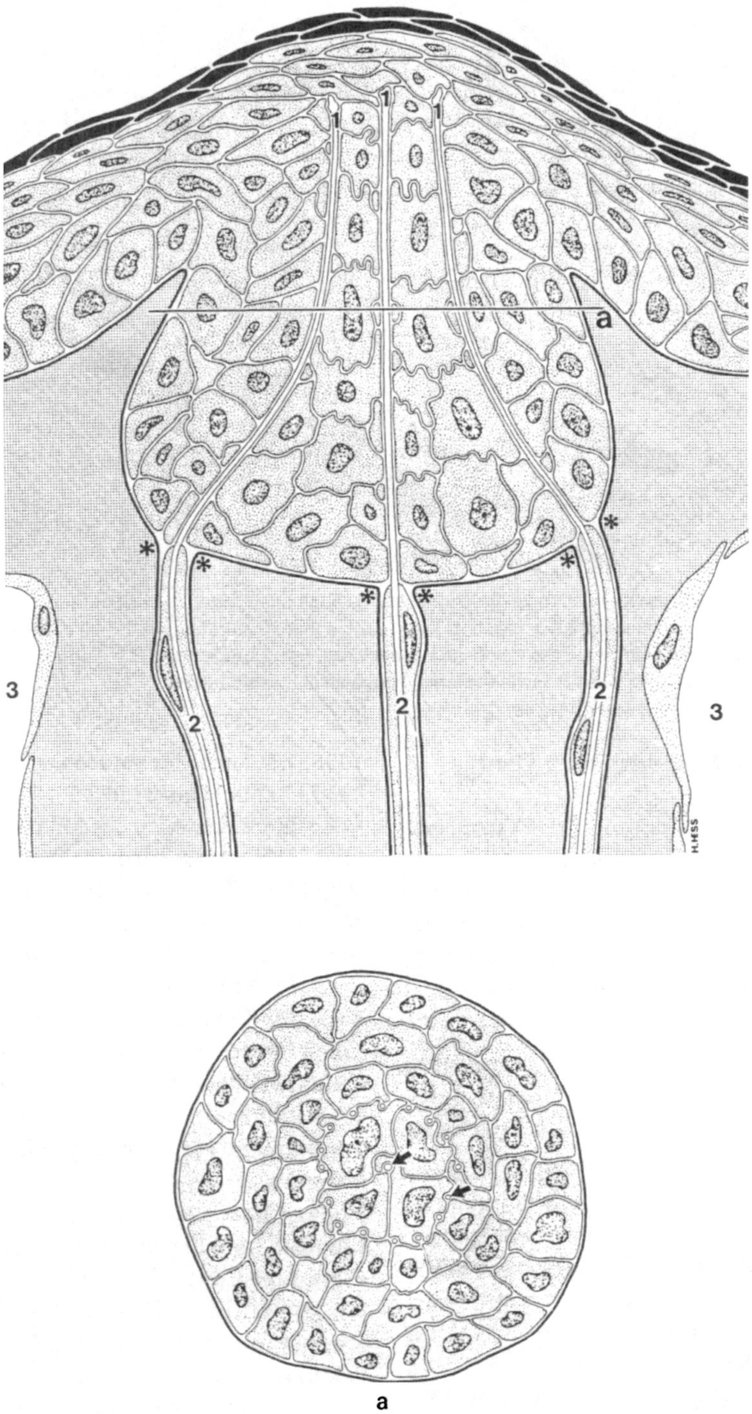

Abbildung 11: Halbschematische Darstellung freier Nervenendigungen in der Epidermis der Zapfenhaut des Planum nasale. a – tangentialer Schnitt durch einen Epithelzapfen. 1 – freie Nervenendigungen erreichen das Stratum granulosum. 2 – das afferente Axon ist in der Papillarschicht der Dermis marklos. * – Die Basallamina der Schwannschen Zelle des Axon verschmilzt mit der Basalmembran der Epidermis. 3 – Kapillaren.

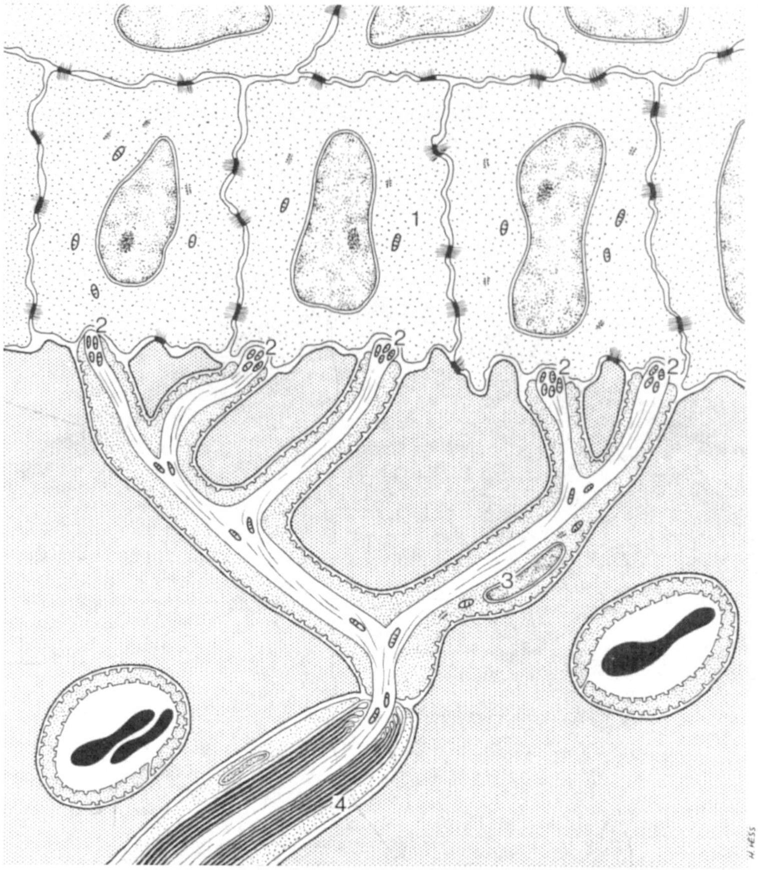

Abbildung 12: Halbschematische Darstellung der Nervenendigungen aus der Hautstelle des Planum nasale der Hauskatze, in der Kälterezeptoren vorkommen (nach HENSEL, 1973). 1 – Zellen des Stratum basale. 2 – Nerventerminalen im Kontakt mit der Basalschicht. 3 – Schwannsche Zelle mit Basallamina und ohne Markscheide. 4 – Schwannsche Zelle mit Markscheide. Zwei Kapillaren befinden sich in der Nähe der terminalen Verzweigungen.

6.1.2 Freie Nervenendigungen der Dermis

Die freien Nervenendigungen in der Dermis der Haut weisen eine große Variabilität auf, die von verschiedenen Faktoren, wie zum Beispiel von der Dicke der Haut, von der Behaarung oder von der Körperregion abhängig ist. Außerdem existieren neben interspezifischen Unterschieden individuelle Unterschiede innerhalb einer Spezies.

Topographisch kann man die Nervenendigungen in diejenigen des oberflächlichen Nervenplexus der Papillarschicht und solche des tieferen Plexus der Retikularschicht der Dermis unterteilen.

Beim Menschen wurden in der Papillarschicht der Haut bisher zwei Typen von Nervenendigungen, die keinen korpuskulären Charakter haben, beschrieben (CAUNA, 1980). Beide Typen unterscheiden sich morphologisch durch die Struktur des afferenten Axons. Der erste Typ wird von A-delta-Fasern innerviert. Der zweite Typ befindet sich am Ende einer C-Faser und ist in der Tiefe der Dermis nicht myelinisiert.

Der erste Typ befindet sich sowohl in der Dermis der behaarten Haut (KRUGER et al., 1981, 1984, 1985) als auch der unbehaarten Haut (HENSEL, 1973, 1974; HENSEL et al., 1974; CAUNA, 1980). Die afferenten Axone sind markhaltig und haben einen Durchmesser von 1–4 µm. In der Papillarschicht der Dermis verlieren die Axone ihre Markscheide, verzweigen sich mehrfach und sind hier unvollständig von einer zytoplasmatischen Lamelle der Schwannschen Zelle umhüllt. Der überwiegende Teil der marklosen Axone endet wenige µm tief in der Basalschicht der Epidermis (Abb. 8, 9 und 12). Der rezeptive Anteil weist die typischen Anhäufungen von Mitochondrien auf, die axoplasmatische Matrix enthält Neurofilamente und Vesikel.

Einige dieser Nervenendigungen sind kälteempfindlich (Abb. 12) und deshalb den Thermorezeptoren zuzuordnen (HENSEL, 1973, 1974; HENSEL et al., 1974). Eine ähnliche Nervenendigung beschreibt in der menschlichen Fingerhaut CAUNA (1980) als „plain nerve ending“. In der behaarten Haut der Hauskatze (KRUGER et al., 1981, 1985) wurden ähnliche Nervenendigungen als mechanische Nocizeptoren, die den stechenden Schmerz vermitteln, identifiziert (delta Nocizeptor – KRUGER et al., 1984, 1985). Immunhistochemi-

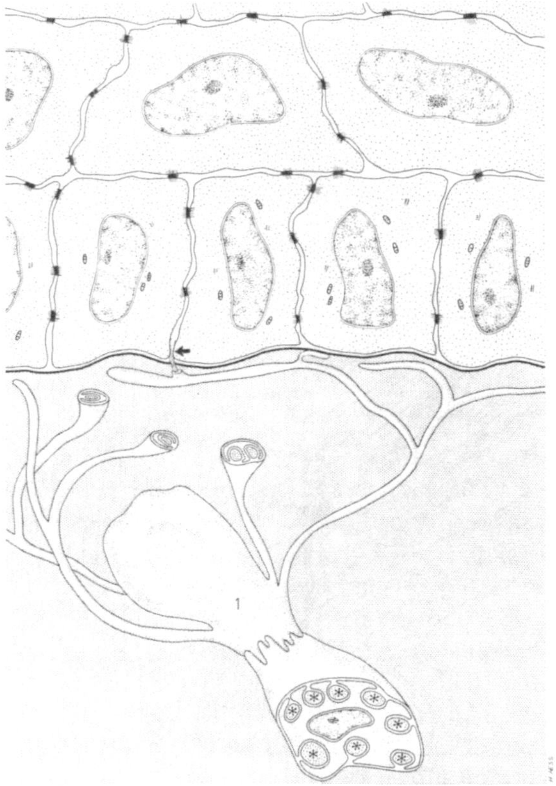

Abbildung 13: Halbschematische Darstellung der sog. „penicillate nerve endings“ in der menschlichen Haut (nach CAUNA, 1980). In einer Schwannschen Zelle (1) liegen mehrere marklose Axone (*). An einigen Stellen können diese Axone Kontakt zur Basalmembran der Epidermis haben, und mit dünnen Fortsätzen können sie auch in die basale Schicht des Epithels eindringen (Pfeile).

sche Studien zeigen, daß ein Teil dieser Nervenendigungen in der Papillarschicht der Fingerhaut beim Menschen die Substanz P, ein anderer Teil Neurokinin-A – Aktivität (BJÖRKLUND et al., 1986) aufweist. Beide Substanzen gehören zu den Neurotransmittern der sensiblen Nervenendigungen, so daß aller Wahrscheinlichkeit nach ein großer Teil dieser sogenannten freien Nervenendigungen neben der Kälteempfindung und Nocizeption auch eine mechanorezeptive Funktion hat.

Der zweite Typ der freien Nervenendigungen wurde elektronenmikroskopisch mit Hilfe von Serienschnitten in der Papillarschicht der behaarten Haut der menschlichen Schulter (CAUNA, 1973) und in der menschlichen Fingerhaut (CAUNA, 1980) beschrieben. Die Nerventerminalen (Abb. 10 und 13) stammen von marklosen C-Fasern. Eine Schwannsche Zelle umhüllt mehrere Axone. In der Papillarschicht kommt es zur Verzweigung der Axone. Sie haben einen beinahe parallelen Verlauf zur Oberfläche der Epidermis. Der überwiegende Teil endet in der Papillarschicht der Dermis, einige dünne Fasern können auch einen Kontakt mit der Basalmembran der Epidermis aufweisen (Abb. 13). Auffallend ist die Armut des Axoplasmas an Organellen. CAUNA (1973, 1977) nennt sie „penicillate nerve endings“. Seiner Meinung nach kann es sich bei diesem Typ um eine poly- oder multimodale sensible Nervenendigung handeln, die keine punktuelle Repräsentation in der Haut hat (CAUNA, 1977).

In der Retikularschicht der Dermis wurden bisher elektronenmikroskopisch freie Nervenendigungen in der Dermis der menschlichen Glans (HALATA und MUNGER, 1986) und des Praeputium penis (HALATA, 1984) beschrieben. Die afferente Nervenfaser ist markhaltig (A-delta) mit einem Durchmesser bis zu 3 µm, und das Nerventerminale weist alle typischen Merkmale auf (HALATA und MUNGER, 1983). Bei diesen Terminalen kann es sich sowohl um Nocizeptoren als auch um Thermorezeptoren (Wärmeempfindung) (HENSEL, 1974) handeln.

6.2 Freie Nervenendigungen des Bewegungsapparates

Die Anzahl der nicht korpuskulären Nervenendigungen in den Gelenkkapseln ist nach neueren Untersuchungen ungewöhnlich hoch. Es existiert im Moment noch keine Methode, die mit Sicherheit alle freien Nervenendigungen in der Gelenkkapsel erfaßt. Man hat aber nach Ausschaltung des vegetativen Nervensystems eine Zählung sensibler Axone durchgeführt (LANGFORD, 1983; LANGFORD und SCHMIDT, 1983; LANGFORD et al., 1984) und festgestellt, daß die Nerven der Kniegelenkkapsel der Hauskatze zu ca. 34% aus C-Fasern und/oder A-delta-Fasern bestehen (LANGFORD et al., 1984).

Mit Hilfe der Elektronenmikroskopie wurde bis jetzt erst ein Typ freier Nervenendigungen in Gelenkkapseln beschrieben (HALATA, 1977 a; HALATA und MUNGER, 1980 b; HALATA et al., 1984, 1985). Sie befinden sich in der Nähe von Blutgefäßen und haben eine ähnliche Struktur wie die Nerventerminalen der Ruffinischen Körperchen. Die Axone sind markhaltig und haben einen Durchmesser von 1–3 µm (A-delta-Fasern).

Die freien Nervenendigungen im Bindegewebe der Muskulatur (Epimysium, Perimysium, Muskelsehnen) wurden elektronenmikroskopisch von VON DÜRING et al. (1984) und ANDRES et al. (1985 b) untersucht. Man kann wiederum prinzipiell zwei Typen von Nervenendigungen erkennen – Nervenendigungen der A-delta-Axone (Axondurchmesser 1–4,5 µm) und Nervenendigungen der C-Fasern. Die Nerventerminalen der A-delta-Fasern wurden in lückenlosen Serien untersucht, und es wurde festgestellt, daß sie ihrerseits in vier verschiedene Typen zu unterteilen sind. Zwei Typen findet man im Bindegewebe der Wand von Blut- und Lymphgefäßen. Sie haben Lanzettenform. Zwei weitere Typen sind im Bindegewebe des Peritenonium internum und externum lokalisiert und erinnern in der Struktur an Golgi-Sehnenorgane (SCHOULZ und SWETT, 1972, 1976). Da diese Nervenendigungen von einer Schwannschen Zelle umgeben sind und nicht „nackt" oder „frei" vorkommen, wird von ANDRES et al. (1985) vorgeschlagen, sie als „unencapsulated nerve endings" zu bezeichnen.

Die Nervenendigungen der C-Fasern befinden sich ausschließlich im Bindegewebe der Blut- und Lymphgefäße. Sie bilden „penicillate nerve endings" und können in den terminalen Abschnitten granulierte Vesikel enthalten.

Über die Funktion der fünf verschiedenen Typen von Nervenendigungen in Muskelsehnen und Muskelfazien wird spekuliert. Aufgrund physiologischer Untersuchungen von KUMAZAWA und MIZUMURA (1977), KUMAZAWA und PERL (1977a, b) und MENSE und MEYER (1981) kann man annehmen, daß diejenigen Nervenendigungen, die einen engen Kontakt zum Bindegewebe aufweisen, als Mechanorezeptoren für die Dehnung funktionieren, während solche, die in der Nähe der Gefäße liegen, die Funktion der Noci-, Thermo- oder Chemorezeption (ANDRES et al., 1985) oder der polymodalen Nocizeption (KUMAZAWA und MIZUMURA, 1977, 1984) haben.

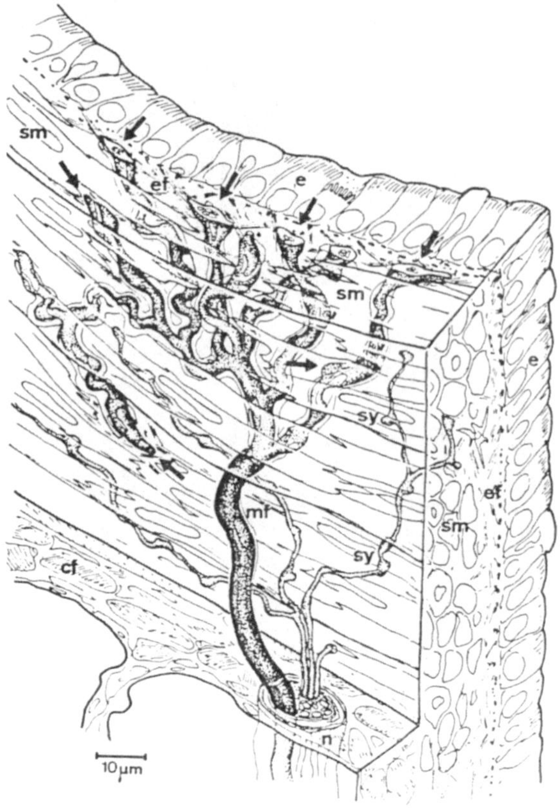

Abbildung 14: Halbschematische Darstellung eines Ausschnittes aus der Wand eines Bronchus einer Laborratte (aus VON DÜRING et al., 1974). Die Dehnungsrezeptoren (Pfeile) sind im retikulären Bindegewebe unter dem respiratorischen Epithel (e) verankert. Die Schicht der glatten Muskelzellen (sm) ist an der Stelle des Vorkommens des Dehnungsrezeptors unterbrochen. (sy) – vegetative Nerventerminalen, (mf) – afferente myelinisierte Nervenfasern, (n) Nerv, (cf) – kollagene Fasern, (ef) – elastische Fasern.

6.3 Freie Nervenendigungen in der Wand von Hohlorganen

Es wurden bisher freie Nervenendigungen in folgenden Hohlorganen elektronenmikroskopisch beschrieben: Herz (MORAVEC und MORAVEC, 1982), Mucosa des Sinus maxillaris (ADDICKS et al., 1982), Nasopharynx (LEELA et al., 1971), Larynx und Bronchien (JEFFERY und REID, 1973; VON DÜRING et al., 1974; DAS et al., 1977), Trachea (HOYES und BARBER, 1978, 1981a; HOYES et al., 1981; HUNG, 1976), Lungenalveolen (HUNG et al., 1972, 1973; DAS et al., 1978, 1979; AL-WALID et al., 1979; FOX et al., 1980), Oesophagus (ROBLES-CHILLIDA et al., 1981), Dünndarm und Magen (STACH, 1976), Rectum (CHOUCHKOV, 1972) und Ureter (HOYES und BARBER, 1976b, c, 1981; HOYES et al., 1976). Man kann zwei Typen von Empfindungen aus der Wand einiger Hohlorgane wahrnehmen – Schmerzempfindung und die Registrierung der Dehnung der Wand. Für beide Typen der Empfindung sind in der Wand der Hohlorgane zwei verschiedene Typen von freien Nervenendigungen verantwortlich. Veränderungen der Dehnung der Wand werden aller Wahrscheinlichkeit nach durch die verzweigten lanzettenförmigen Terminalfasern in der Lamina propria der Tracheal- und Bronchialwand registriert (Abb. 14). Die dazugehörige Nervenfaser ist markhaltig und hat einen Durchmesser von 4–6 µm (VON DÜRING et al., 1974). Die nocizeptiven Nervenendigungen (HOYES, 1984) liegen subepithelial, in der glatten Muskulatur der Muscularis und perivaskulär. Die afferenten Axone sind marklos (C-Fasern). Die Nerventerminalen enthalten größere „dense-core" und kleinere leere Vesikel. Über den Inhalt der Vesikel wird zur Zeit noch diskutiert.

Einige Organe, wie zum Beispiel die Pulpa der Zähne (BYERS, 1984), die Dura mater cerebri (ANDRES et al., 1987) und die Cornea (HOYES und BAR-

BER, 1976a, 1977; MATSUDA, 1968; TERVO und PALKAMA, 1978; TERVO et al., 1979), haben keine korpuskulären Nervenendigungen, so daß man auch hier verschiedene Funktionen der sogenannten freien Nervenendigungen vermuten muß.

7. Merkelsche Nervenendigungen

Die Merkelschen Nervenendigungen wurden zuerst von MERKEL (1878) als „Tastzellen“ beschrieben. Sie befinden sich bei den Säugern ausschließlich in der Haut und in den Schleimhäuten mit mehrschichtigem Plattenepithel. Seit der Entdeckung durch MERKEL (1875) wurden diese Nervenendigungen bei fast allen Vertebraten zunächst lichtmikroskopisch beschrieben und später elektronenmikroskopisch bestätigt. Im Laufe der über 100-jährigen Geschichte seit ihrer Entdekkung ist eine Vielzahl von Bezeichnungen für die Merkelsche Nervenendigung entstanden. SZYMONOWICZ (1895, 1897), BOTEZAT (1912a, b), KADANOFF (1924b) und BOEKE (1925) benutzen den Namen „Merkelsche Tastzelle“ und „Merkelsches Tastkörperchen“. HOGGAN (1884) nennt diese Endigung nach seiner Mäzenin „Browns Körperchen“. MILLER et al. (1958, 1960) benutzen den Namen „erweiterte Nervenendigung“, CAUNA (1962) bezeichnet sie als Merkelsches Körperchen, SINCLAIR (1967) als „hederiform nerve ending“, MUNGER (1965) als „Merkel cell-neurite complex“. Die letzte Bezeichnung „Merkel cell-neurite complex“ wurde hauptsächlich von amerikanischen Autoren übernommen. Da aber die Bezeichnung Neurit ausschließlich für efferente Fasern benutzt wird, erscheint der von HARTSCHUH et al. (1979, 1986) vorgeschlagene Terminus „Merkel cell-axon complex“ entsprechend den in der Einleitung dargestellten Überlegungen zur Terminologie der Nervenzellfortsätze am besten geeignet zu sein.

In der behaarten Haut wurden Ansammlungen von Merkelschen Zellen und ihren Nerventerminalen als Haarscheibe, Tastscheibe (PINCUS, 1902, 1905) oder Iggo's corpuscle (LIPETZ, 1971) bezeichnet. Wir benutzen im folgenden den Terminus „Merkelsche Nervenendigung“, weil er sowohl in der morphologischen als auch in der dermatologischen Literatur die weiteste Verbreitung gefunden hat.

7.1 Struktur der Merkelschen Nervenendigungen

Eine Merkelsche Nervenendigung besteht aus einer Merkelschen Zelle und aus einem Axonterminale (Abb. 15 und 17).

Die Merkelsche Zelle ist ellipsoid mit einem Durchmesser von 9–19 µm. Mit den Keratinozyten der Umgebung sind die Merkelschen Zellen mit Hilfe von Desmosomen verbunden (Abb. 15 und 17). Ihr Zellkern ist groß und gelappt. Das Zytoplasma ist hell und besitzt eine große Anzahl von Mikrofilamenten, die in verschiedenen Richtungen verlaufen und sich in fingerförmigen Ausläufer des Zytoplasmas fortsetzen. Diese fingerförmigen Ausläufer sind unterschiedlich lang und tauchen in die interzellulären Räume ein oder sind in die Keratinozyten des Stratum basale und des Stratum spinosum invaginiert (Abb. 15). Außer Mikrofilamenten besitzt die Merkelsche Zelle einen gut ausgebildeten Golgi-Apparat, granuläres endoplasmatisches Reticulum und typische osmiophile Granula mit einem Durchmesser von 80–120 nm. Sie befinden sich in dem Teil des Zytoplasmas, der in Kontakt mit der Nervenendigung steht. Bei stark pigmentierten Tieren liegen im Zytoplasma der Merkelschen Zellen auch Melaningranula.

Die Merkelschen Zellen der Sinushaare und der Konturhaare (Abb. 57, 58 und 59) haben die gleiche Ultrastruktur wie die der unbehaarten Haut. Sie haben aber eine andere Gestalt. Im Gegensatz zu den Zellen der Epidermis sind sie als länglich ovale Platten schuppenförmig unterhalb der Talgdrüse in dem Epithel des Haarwulstes angeordnet (Abb. 58 und 59).

Die afferente Nervenfaser ist im dermalen Plexus myelinisiert und hat einen Durchmesser von 3–5 µm (Abb. 17 und 54). In der Papillarschicht dicht unter der Basalschicht der Epidermis (ca. 10–50 µm) verliert das Axon seine Markscheide und ist dann nur von einer Schwannschen Zelle umhüllt. An der Stelle des Eintritts der Nervenfaser in die Epidermis verschmilzt die Basalmembran der Schwannschen Zelle mit der der Basalschicht der Epidermis (Abb. 17). Die afferente Nervenfaser kann sich im myelinisierten Bereich, in dem ersten Ranvierschen Halbschnürring oder auch in der Epidermis mehrfach dichotomisch verzweigen. Die Merkelschen Nervenendigungen eines epidermalen Zapfens werden meistens nur von einer oder von zwei markhaltigen Axonen des dermalen Plexus innerviert, während in den Sinushaaren eine Nervenfaser eine Säule von 20–100 Merkelschen Zellen innervieren kann. In der Epidermis bildet die jetzt „nackte" Nervenfaser eine diskus- oder kelchförmige Verdickung, die sich direkt an die basale Fläche der Merkelschen Zelle in den Zapfen der Zapfenhaut (Abb. 15 und 53), den Drüsenleisten der Leistenhaut und den Tastscheiben der behaarten Haut anlegt. In den Haarfollikeln der Sinushaare (Abb. 57 und 58) und der Konturhaare legt sich der Nervendiskus der der Basalmembran abgewandten Fläche an. Im Nervendiskus findet man alle typischen Merkmale eines Nerventerminale: Ansammlungen von Mitochondrien, leere Vesikel mit einem Durchmesser von ca. 20–40 nm, Glykogengranula und unregelmäßig angeordnete Neurofilamente und Neurotubuli (Abb. 15 und 16). Zwischen der Merkelschen Zelle und dem Nervendiskus sind synapsen-ähnli-

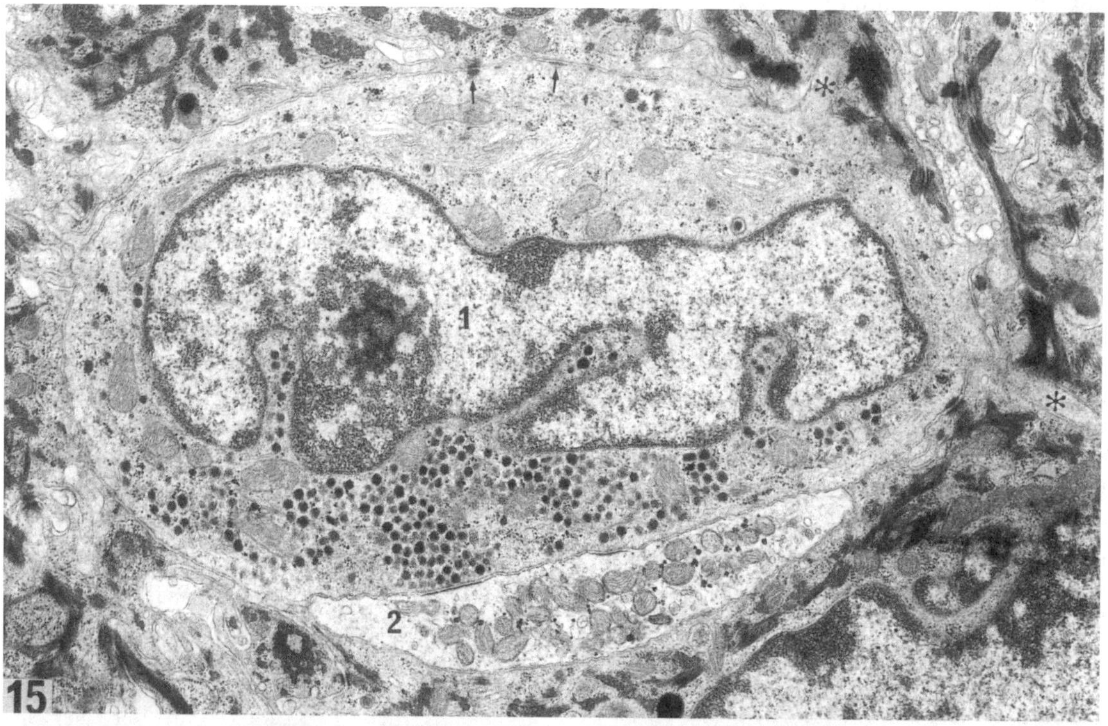

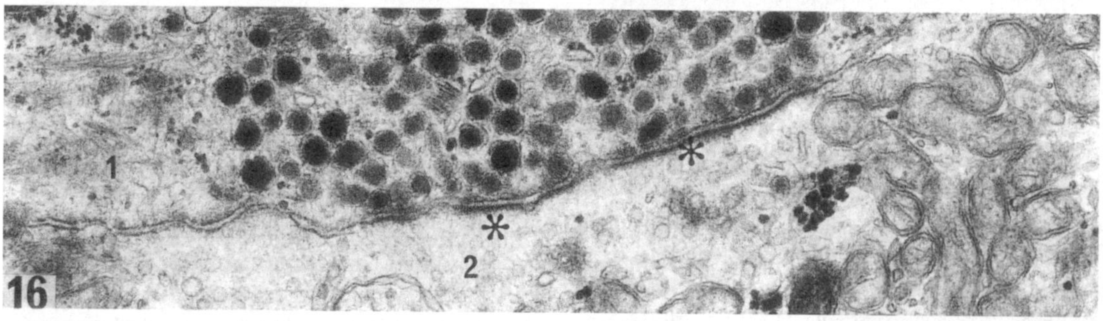

Abbildung 15: Merkelsche Nervenendigung in der Zapfenhaut des Planum nasale. Die Merkelsche Endigung besteht aus einer Merkelschen Zelle (1) und aus einem Nervendiskus (2). Die Merkelsche Zelle ist mit den Keratinozyten der Umgebung mit Hilfe von Desmosomen verbunden (Pfeile) und besitzt stachelartige Fortsätze, die mit den Keratinozyten keine Verbindungen haben und meistens in die Zwischenräume hineinragen (*). Im basalen Abschnitt des Zytoplasmas der Merkelschen Zelle befinden sich osmiophile Granula. Zwischen dem Nervendiskus und der zytoplasmatischen Membran der Merkelschen Zelle kommen synapsen-ähnliche Verbindungen vor. Hauskatze (*Felis silvestris* f. catus); EM Bild, 9400 X.

Abbildung 16: Detail einer synapsen-ähnlichen Verbindung (*) zwischen einer Merkelschen Zelle (1) und dem Nervendiskus (2). Hauskatze (*Felis silvestris* f. catus); EM Bild, 27500 X.

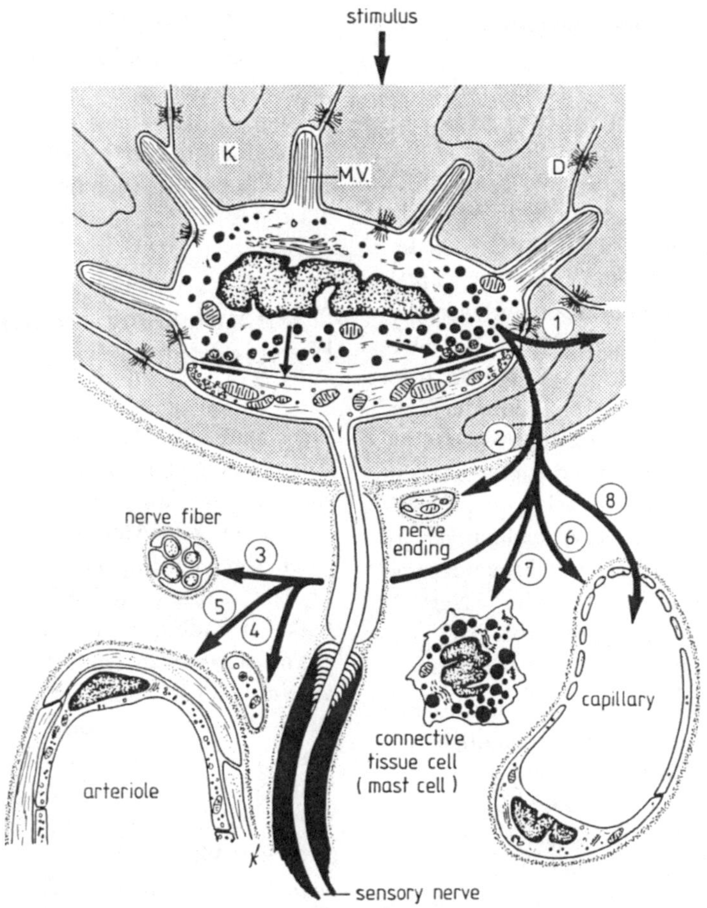

Abbildung 17: Schematische Darstellung der möglichen Funktionen der Merkelschen Zelle (aus HARTHSCHUH et al., 1986). In den Granula der Merkelschen Zelle befinden sich aller Wahrscheinlichkeit nach Neurotransmitterstoffe (bisher noch nicht eindeutig nachgewiesen). Durch einen Stimulus werden die Neurotransmitter freigesetzt und können auf der Nerventerminale unterhalb der Merkelschen Zelle entweder über einen nichtsynaptischen Mechanismus oder über eine Synapse ein Aktionspotential auslösen. Es wird aber spekuliert, daß die Neurotransmitter auch die Keratinozyten (2), sensible freie Nervenendigungen unter der Basallamina (nerve ending), autonome Nervenfasern (3) und ihre Endigungen (4) beeinflussen können. Es ist auch möglich, daß die Neurotransmitterstoffe die Funktion der Wand der Blutgefäße (Tonus der glatten Muskelzellen oder Permeabilität der Endothelzellen) direkt (5 und 6) oder indirekt über die Mastzellen (7) verändern. Es ist aber auch möglich, daß einige dieser Stoffe direkt über den Kreislauf eine hormon-ähnliche Funktion ausüben. D. – Desmosom, M. V. – Mikrovillus, K – Keratinozyt.

che Verbindungen vorhanden (CHEN et al., 1973; MIHARA et al., 1979; SAXOD, 1978a; IGGO und FINDLATER, 1984; HARTSCHUH et al., 1983, 1986) (Abb. 16). Hier bilden die einander gegenüberliegenden zytoplasmatischen Membranen sowohl der Merkelschen Zelle als auch des Nervendiskus Verdickungen. Im Zytoplasma der Merkelschen Zelle liegen hier gehäuft osmiophile Granula (80–120 nm), im Axoplasma der Verdickung dagegen Vesikel mit einem Durchmesser von etwa 60 nm.

7.2 Lage der Merkelschen Nervenendigungen

Die Lage der Merkelschen Nervenendigungen in der Epidermis oder in der Dermis hängt vom Aufbau der Haut und damit auch von der Spezies ab. Bei den meisten Säugetieren liegen die Merkelschen Nervenendigungen in der Basalschicht der Epidermis sowohl in der unbehaarten als auch in der behaarten Haut (WINKELMANN und BREATHNACH, 1973). In der behaarten Haut liegen Merkelsche Nervenendigungen darüber hinaus in der Basalschicht von spezialisierten Haarfollikeln (Sinushaare, Konturhaare und einige Lanugohaare) unterhalb der Talgdrüse der Haarfollikel.

Beim Menschen kommen Merkelsche Nervenendigungen in der behaarten Haut auch subepidermal in der Dermis vor (ORFANOS, 1967; HALATA, 1977b, 1981). Ebenso liegen bei den Vögeln die Merkelschen Nervenendigungen in der Dermis dicht unter der Epidermis (SAXOD, 1980) und werden von einigen Autoren als „Merkel corpuscles“ bezeichnet (PAC, 1982).

7.2.1 Merkelsche Nervenendigungen der Epidermis

Das Auftreten der Merkelschen Nervenendigungen ist vom Typ der unbehaarten Haut abhängig. In der sogenannten Zapfen- oder Warzenhaut liegen die Merkelschen Nervenendigungen in der Basalschicht der Zapfen (Abb. 53 und 54); ihre Anzahl ist von der Dicke und Höhe der Zapfen abhängig. In den Zapfen der Maulwurfsnase liegen in der Basalschicht in jedem Zapfen 2–5 Merkelsche Nervenendigungen, in der unbehaarten Nasenhaut der Hauskatze 5–15, und in der Zapfenhaut der Schnauze des Göttingen-Miniatur- und des Hausschweins, in der die Zapfen tiefer in die Dermis reichen, befinden sich in der Basalschicht 20–35 Merkelsche Nervenendigungen. In der Leistenhaut der Finger von Primaten und Marsupialiern liegen Merkelsche Nervenendigungen in den Drüsenleisten (Abb. 56) in der Nähe der Ausführungsgänge der Schweißdrüsen.

In der behaarten Haut liegen die Merkelschen Nervenendigungen einerseits in Verdickungen der Epidermis zwischen den Haarfollikeln (Haar- oder Tastscheiben – Pincus, 1905) (Abb. 60) und andererseits in der Basalschicht der Haarfollikel der Sinus-, Kontur- und einiger Lanugohaare (Abb. 58 und 59). Die Anzahl der Merkelschen Nervenendigungen in den Haarscheiben variiert von 10 bis 30 in Abhängigkeit von der Größe der Haarscheibe (Halata und Munger, 1980a). In den Haarfollikeln der Sinushaare bilden die Merkelschen Nervenendigungen unterhalb der Talgdrüse eine Manschette, die aus 600–2000 Merkelschen Zellen besteht. In den Konturhaaren und in einigen Lanugohaaren ist die Anzahl der Merkelschen Nervenendigungen von der Dicke des Haarfollikels abhängig und variiert von 4 bis 20.

7.2.2 Merkelsche Nervenendigungen der Dermis

Das Auftreten von Merkelschen Zellen und Merkelschen Nervenendigungen in der Dermis der behaarten Haut ist bei Menschen ein häufiger Befund (Mahrle und Orfanos, 1974; Halata, 1977b, 1979a; Munger und Halata, 1984). Die Merkelsche Zelle oder die Merkelsche Nervenendigung liegen im bindegewebigen Haarbalg des Haarfollikels unterhalb der Talgdrüse (Abb. 18, 19 und 20). Ihre Ultrastruktur ist identisch mit den intraepithelial gelegenen Merkelschen Zellen der Epidermis. Die Merkelschen Nervenendigungen werden meistens von einer dünnen Zytoplasmalamelle der Schwannschen Zelle umgeben (Abb. 19 und 20). Das Auftreten in der Dermis ist etwas häufiger in der Haut von älteren Menschen und in der erkrankten Haut (Sklerodermie oder Alopecie). Es ist denkbar, daß bei der Degeneration von Haarfollikelepithelien einige Merkelsche Nervenendigungen in der Dermis zurückbleiben (Halata, 1979a, 1990a, b).

7.3 Entwicklung der Merkelschen Nervenendigung

Die Angaben der Literatur über die Herkunft und Entwicklung der Merkelschen Nervenendigung sind sehr vielfältig und widersprüchlich. Für die Entwicklung der Merkelschen Zelle aus Keratinozyten sprechen folgende Tatsachen: 1. Die Merkelsche Zelle hat mit den Keratinozyten desmosomale Verbindungen. Solche Verbindungen existieren nicht zwischen den Keratinozyten und eindeutig eingewanderten Zellen der Epidermis wie zum Beispiel Melanozyten oder Langerhansschen Zellen. 2. English (1974, 1977a, b) sowie Tachibana und Nawa (1980), Tachibana und Ishizeki (1981) haben verschiedene Entwicklungsstadien von Merkelschen Zellen beobachtet. Ihrer Ansicht nach ähneln einige Stadien der Struktur der Keratinozyten. 3. Die Mikrofilamente der Merkelschen Zellen sind immunoreaktiv auf spezifische Cytokeratin-Antikörper, zeigen aber keine Immunoreaktivität auf Neurofilamente (Moll et al. 1984; Saurat et al. 1984a, b).

Die Hypothese, daß die Merkelsche Zelle aus der Neuralleiste stammt, basiert auf Arbeiten, die sich mit der Entwicklung der Haut beschäftigt haben. So wurde die Merkelsche Zelle in der Dermis von Foeten ab der 16. Entwicklungswoche gefunden (Breathnach and Robins, 1970; Hashimoto, 1972a, b), und bei der Hauskatze wurden noch in den ersten 3 Tagen nach der Geburt einige Merkelsche Zellen in der Dermis und ihre Durchwanderung durch die Basalmembran in die Epidermis beobachtet (Halata, 1981). Die Entwicklung der Grandryschen Körperchen der Vögel, die den Merkelschen Nervenendigungen in der Struktur sehr ähneln, wurde von Saxod (1978a, b) untersucht und die Abstammung von Zellen der Neuralleiste deutlich nachgewiesen. Bei entwickelten Merkelschen Nervenendigungen in den Sinushaaren der Hauskatze (Hartschuh und Weihe, 1977) und der Laboratte (Benkenstein, 1979) veränderte sich nach Durchtrennung der afferenten Axone weder die Struktur noch die Anzahl der Merkelschen Zellen des Haarfollikels. Auch die Tatsache, daß die Merkelsche Zelle morphologisch den neuroendokrinen Zellen ähnelt (Fujita, 1977) und

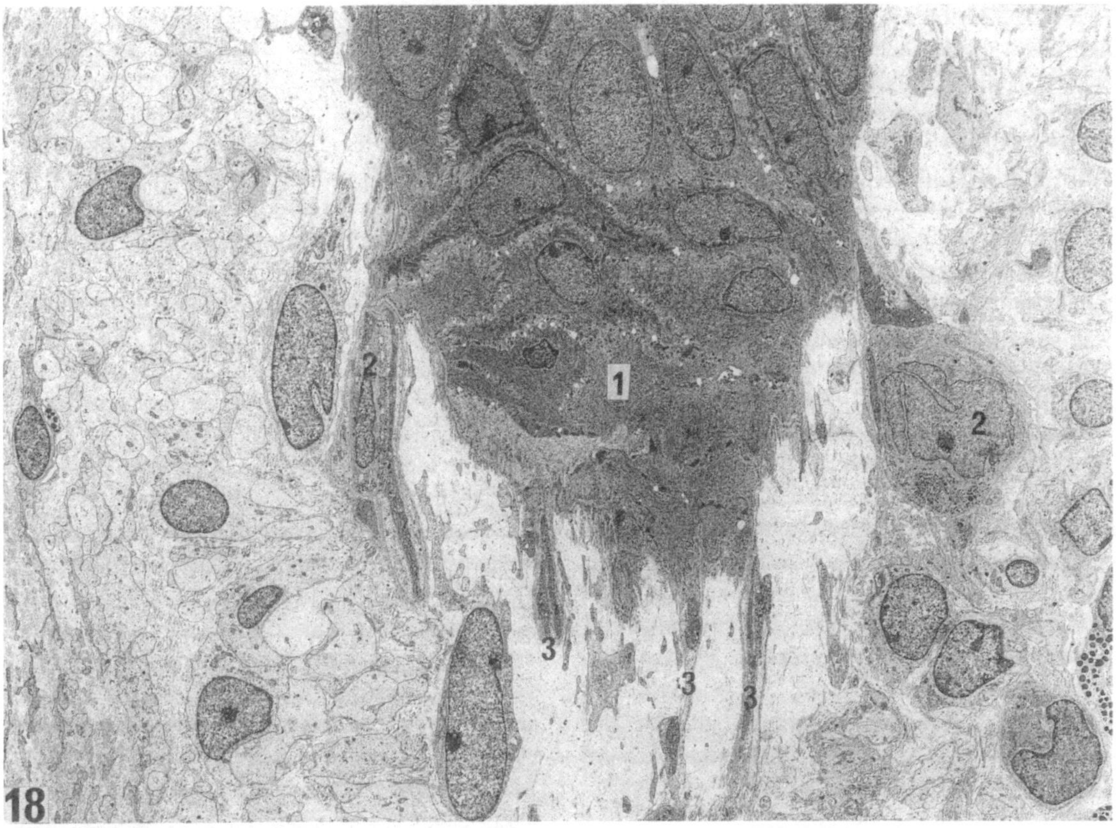

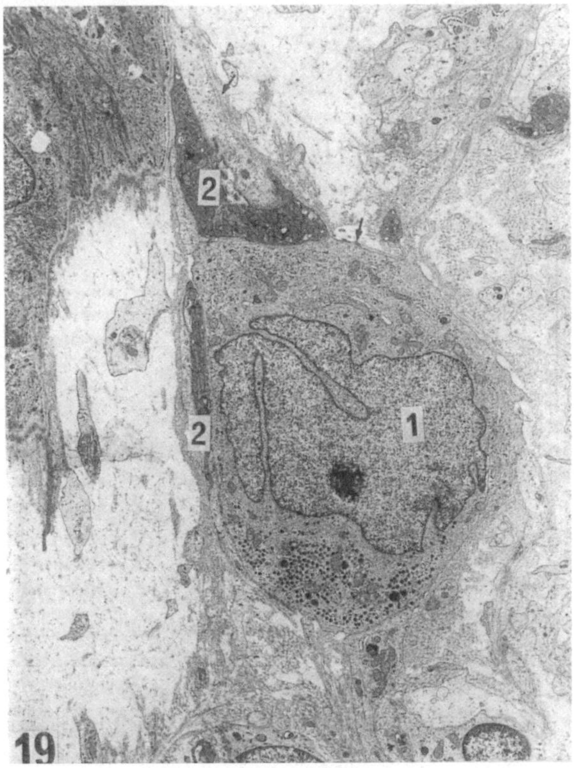

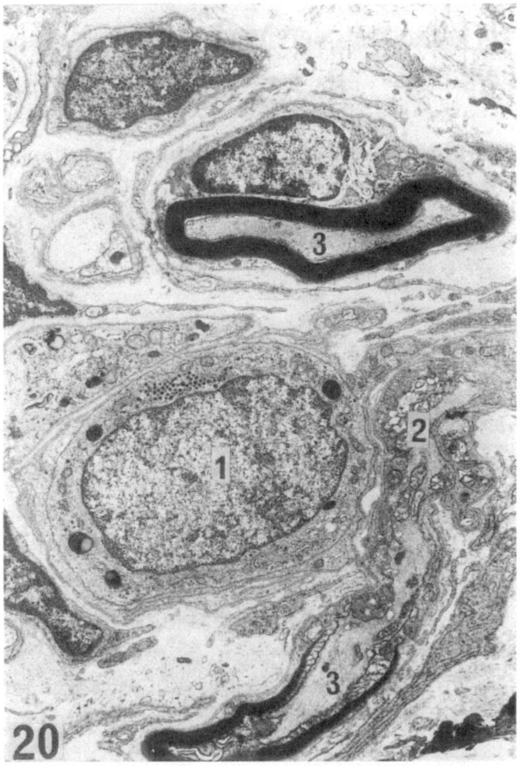

Abbildung 18: Merkelsche Nervenendigungen im bindegewebigen Haarbalg eines Konturhaares im Kontakt zu den Nerventerminalen der lanzettförmigen Nervenendigungen. Oberschenkelhaut eines Menschen. 1 – Haarfollikel, 2 – Merkelsche Zelle, 3 – Palisaden von lanzettförmigen Nervenendigungen. Mensch (*Homo sapiens*); EM Bild, 1500 X

Abbildung 19: Detail aus der Abbildung 18. Die Merkelsche Zelle (1) hat Kontakt zu einer lanzettförmigen Nervenendigung (2). Sowohl die Nervenendigung als auch die Merkelsche Zelle sind von einer Basalmembran ( ) umhüllt. Mensch (*Homo sapiens*); EM Bild, 4600 X.

Abbildung 20: Merkelsche Zelle in einem Nervenfaszikel. Dermis der Oberschenkelhaut eines Menschen. 1 – Merkelsche Zelle, 2 – Nerventerminale, 3 – markhaltige Axone. Mensch (*Homo sapiens*); EM Bild, 4600 X.

diese wiederum überwiegend aus der Neuralleiste stammen, spricht dafür, daß auch die Merkelschen Zellen sich aus Neuralleistenmaterial entwickeln. WINKELMANN (1977, 1982) vermutet, daß die Merkelsche Zelle Polypeptide mit einer Neurotransmitter-Funktion produziert. In einigen immunhistochemischen und radioimmunologischen Studien wurde diese Vermutung bestätigt. In den Granula der Merkelschen Zellen wurde eine Met-Enkephalin ähnliche Substanz und auch VIP (vasoactive-intestinal polypeptide), ein Neurotransmitter-Kandidat, gefunden (HARTSCHUH et al., 1979, 1980, 1983, 1984). Schließlich wurde auch die neuronspezifische Enolase im Zytoplasma von Merkelschen Zellen nachgewiesen (GU et al., 1981; ZACCONE, 1984). Auch die Tatsache, daß Merkelsche Zellen und Merkelsche Nervenendigungen bei erwachsenen Menschen in der Dermis beobachtet wurden (MAHRLE und ORFANOS, 1974; HALATA, 1979a, 1990a; MUNGER und HALATA, 1984; RUNNE et al., 1977) und daß Merkel-Zell-Tumoren in der Dermis vorkommen (IWAFUCHI et al., 1986), spricht mehr für die Möglichkeit der Einwanderung der Merkelschen Zellen aus der Dermis in die Epidermis.

7.4 Funktion der Merkelschen Nervenendigung

Die Merkelschen Nervenendigungen der Säuger haben die Funktion eines langsam adaptierenden Mechanorezeptors, der auf dynamische und statische Reize reagiert und auch für Vibrationsreize empfindlich ist (IGGO und MUIR, 1969; GOTTSCHALDT et al., 1973; GOTTSCHALDT und VAHLE-HINZ, 1981; IGGO und FINDLATER, 1984). Die Merkelschen Nervenendigungen der Vögel (LEITNER et al., 1974a, b; GOTTSCHALDT et al., 1982;) und Amphibien (PARDUCZ et al., 1977) sind dagegen schnell adaptierende Mechanorezeptoren. Eine offene Frage ist, in welcher Form sich die Merkelsche Zelle am Empfang beziehungsweise an der Übertragung des Reizes beteiligt. Die Form der Merkelschen Zelle mit ihren zahlreichen stachelartigen Fortsätzen, die in das Zytoplasma der umgebenden Keratinozyten invaginiert sind, spricht für eine mechanische Funktion, nämlich für die Vergrößerung der Oberfläche und damit auch der Tastfläche der Epidermis. Diese Annahme wird unterstützt durch die Arbeiten von HORCH et al. (1974) und IGGO und FINDLATER (1984), die eine Rezeptorfunktion der Merkelschen Zelle und die Entstehung des Aktionspotentials in der Merkelschen Zelle vermuten. Die Aktionspotentiale werden dann über die synaptische Verbindung auf die Axone weitergeleitet. Die Studie von GOTTSCHALDT und VAHLE-HINZE (1981) widerspricht dieser Meinung. Auch die Tatsache, daß man vereinzelt Merkelsche Zellen ohne Kontakt zu einer Nervenendigung findet, und zwar sowohl in der Epidermis als auch in der Dermis, würde dies unterstützen.

HARTSCHUH et al. (1986) haben alle diese hypothetischen Funktionen der Merkelschen Zelle in einem Schema zusammengefaßt (Abb. 17).

8. Lamellenkörperchen

Die Gruppe der Lamellenkörperchen bildet nach der der freien Nervenendigungen die numerisch größte Gruppe der sensiblen Nervenendigungen. Die Lamellenkörperchen zeigen Unterschiede im Aufbau, was dazu führte, daß sie mit Hilfe von Imprägnationsmethoden von verschiedenen Autoren unterschiedlich bewertet und benannt worden sind. So äußert sich schon STÖHR JR. (1928a) in seinem Buch „Mikroskopische Anatomie des vegetativen Nervensystems“ zu den bis zu jenem Zeitpunkt beschriebenen Dogielschen Körperchen, Krauseschen Endkolben, Meissnerschen Körperchen und Golgi-Mazzonischen Körperchen: „... sie gehören sämtlich zu den knäuelartigen Gebilden und sind mehr durch histologisches Taktgefühl wie durch bestimmte Merkmale voneinander zu unterscheiden.“ Mit Hilfe der Elektronenmikroskopie konnte man dann zusätzliche Merkmale finden. Es werden daher heute unterschieden:

1. Lamellenkörperchen ohne perineurale Kapsel und

3. Lamellenkörperchen mit perineuraler Kapsel.

8.1 Lamellenkörperchen ohne perineurale Kapsel

Sie sind in der Literatur vor allem unter der Bezeichnung Meissnersche Körperchen (oder Wagner-Meissnersche Körperchen) bekannt. Sie wurden zuerst von WAGNER und MEISSNER (1852) und MEISSNER (1853) in den dermalen Papillen der Palmarfläche der menschlichen Fingerhaut beschrieben. Die von diesen Autoren vorgeschlagene Bezeichnung „corpuscula tactus" hat sich nicht eingebürgert. Sie wurden zunächst Wagner-Meissnersche Körperchen (JALOWY, 1936) und endgültig dann Meissnersche Körperchen (CAUNA, 1953, 1954, 1956a, b, 1958) genannt.

Seit ihrer Entdeckung wurden die Meissnerschen Körperchen bei den Primaten mit Hilfe von lichtmikroskopischen Methoden (überwiegend Versilberung oder Kontrastierung mit Goldchlorid) von mehreren Autoren (FISCHER, 1876; MERKEL, 1875; RANVIER, 1880; DOGIEL, 1891, 1903; SMIRNOFF, 1893; CREVATIN, 1901; VAN DER VELDE, 1909; SZYMONOWICZ, 1933; HERINGA, 1920; BOEKE, 1926; WEDDEL, 1954) studiert.

Elektronenmikroskopisch wurden die Meissnerschen Körperchen zuerst von CAUNA und ROSS (1960) beschrieben. Weitere elektronenmikroskopische Studien (CAUNA, 1966; MUNGER, 1971; ANDRES und VON DÜRING, 1973; CHOUCHKOV, 1972; HALATA, 1973, 1975; HASHIMOTO, 1973b; CASTANO, 1974; CASTANO und VENTURA, 1978, 1979; IDE, 1976, 1977, 1982a, b; HALATA und MUNGER, 1982 und KLAUER, 1986) haben unsere Kenntnisse über den Aufbau der Körperchen vervollständigt.

8.1.1 Vorkommen

Bei den Primaten kommen die Meissnerschen Körperchen im Bindegewebe der Papillen der Papillarschicht (Stratum papillare) der Leistenhaut (Abb. 21 und 22), der Schleimhaut der Mundhöhle (MUNGER, 1973, 1975; BECKERS, 1975), ferner der Stimmritze (NAGAI, 1982) und außerdem im Bindegewebe des Afters (CHOUCHKOV, 1972) vor. Darüber hinaus wurden sie auch in den Papillen der unbehaarten Haut der Lippe der Affen *Macaca mulatta* und *Macaca fascicularis* (HALATA und MUNGER, 1983), des Augenlides (MUNGER und HALATA, 1984), des Penis von *Macaca mulatta* (MALINOVSKY und SOMMEROVA, 1977), des Praeputium penis des Menschen (HALATA, 1984) und der Fingerhaut des Menschen (HASHIMOTO, 1973b) beschrieben.

Außer bei Primaten sind Meissnersche Körperchen in der Leistenhaut der Finger verschiedener

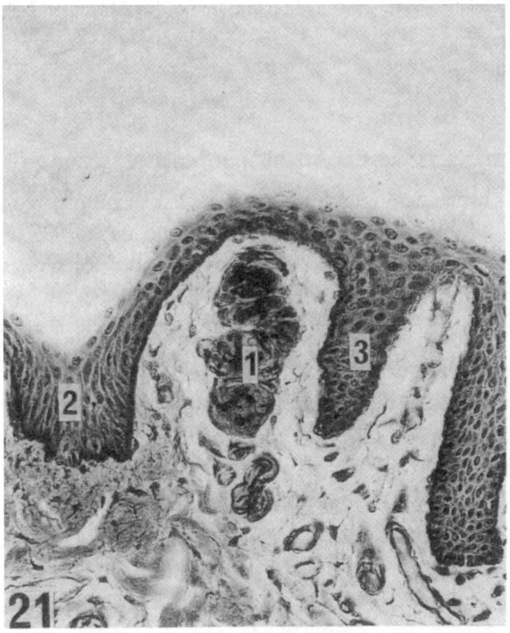

Abbildung 21: Meissnersches Körperchen in der Leistenhaut eines Zeigefingers. Das Meissnersche Körperchen (1) liegt in einer Bindegewebspapille zwischen einer Haft- (2) und einer Drüsenleiste (3). Mensch (*Homo sapiens*); Versilberung, 200 X.

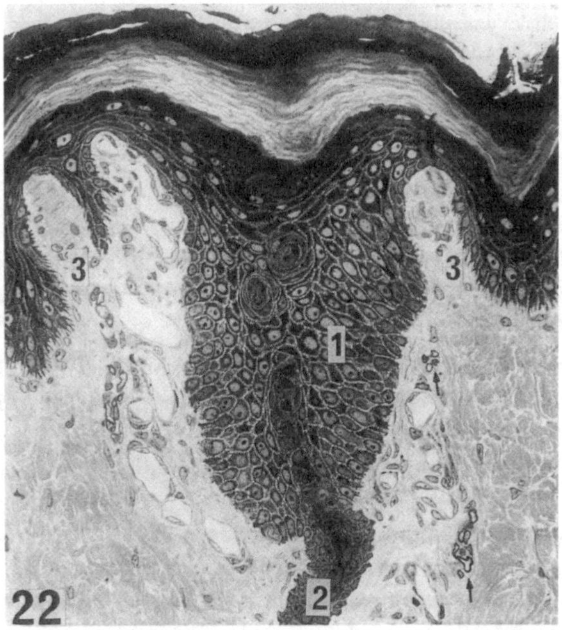

Abbildung 22: Meissnersches Körperchen in der Leistenhaut des Daumens. In eine Drüsenleiste (1) mündet der Ausführungsgang einer Schweißdrüse (2). Die Meissnerschen Körperchen liegen in den Bindegewebspapillen (3). Markhaltige Nervenfasern (→). *Macaca mulatta;* Semidünnschnitt, 190 X.

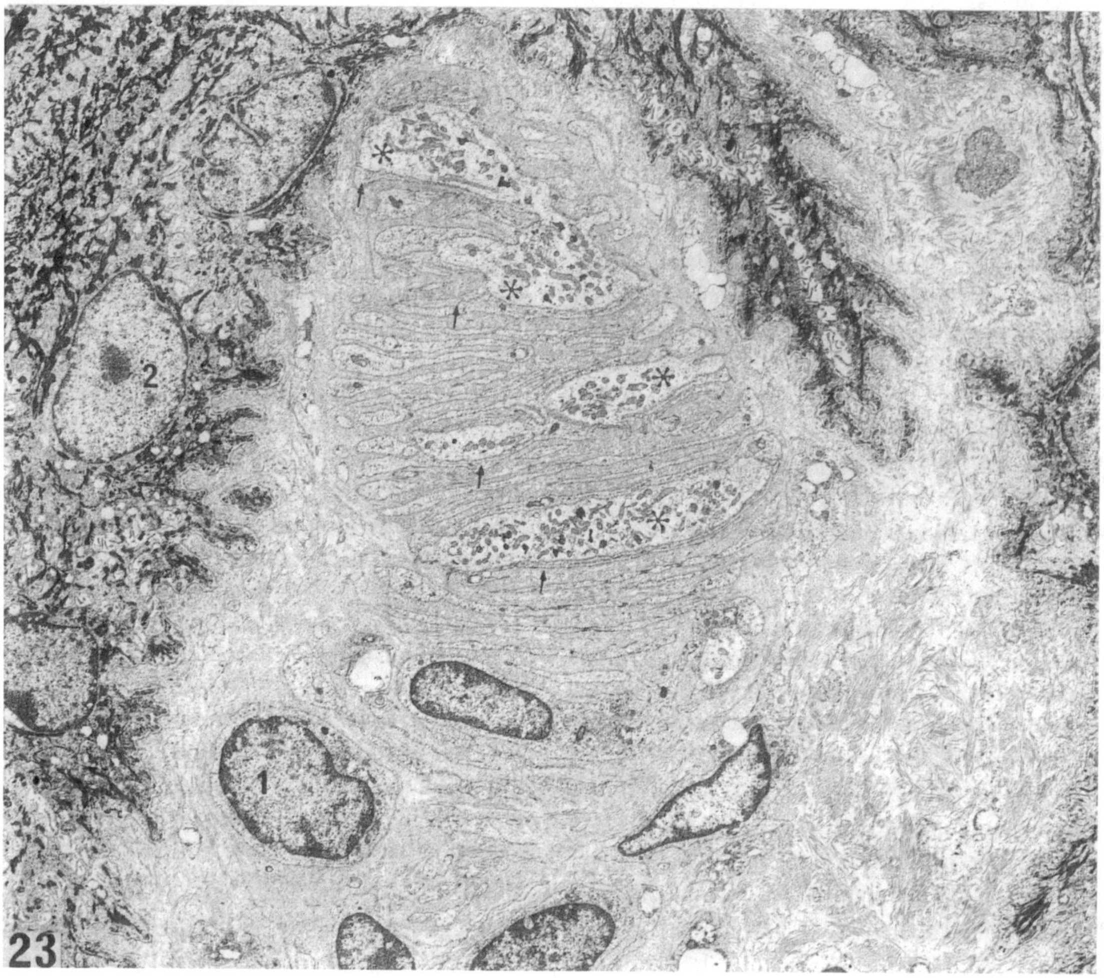

Abbildung 23: Meissnersches Körperchen in der Leistenhaut des Daumens. Das Meissnersche Körperchen besteht aus plattenförmig verdickten Nerventerminalen (*), die von zytoplasmatischen Lamellen der terminalen Schwannschen Zelle (Pfeile) umhüllt sind. 1 – Zellkern einer terminalen Schwannschen Zelle, 2 – Basalschicht der Epidermis. *Macaca mulatta*; EM Bild 3800 X.

Marsupialier (zum Beispiel bei *Didelphis virginiana, Monodelphis domestica, Dasyuroides byrnei* usw.) (Winkelmann, 1965; Brenowitz et al., 1980; Halata und Loo, 1985; Halata und Munger, 1985; Loo und Halata, 1985a und b) nachgewiesen worden.

Primitive Meissnersche Körperchen kommen in der Papillarschicht der Haut von Fußsohlen und Fingern bei der Labormaus vor (Ide, 1977; Mathewson und Nava, 1985; Ras und Nava, 1986; Yoshida et al., 1989).

Am besten sind die Meissnerschen Körperchen im Stratum papillare der Leistenhaut der Finger und der Zehen bei Primaten und beim Menschen untersucht. Ihre Anzahl pro mm^2 der Leistenhaut ist vom Alter abhängig (Schimrigk und Rüttinger, 1980). Zwischen dem 11. und 30. Lebensjahr wurden in der Fingerhaut des Menschen bis zu 24 Meissnersche Körperchen pro mm^2 gezählt (Bolton et al., 1966; Bruce, 1980). Mit dem Alter verringert sich die Anzahl der Meissnerschen Körperchen. So wurden in der Leistenhaut von 70–84jährigen Menschen nur noch ca. 6 Meissnersche Körperchen pro mm^2 gezählt (Bolton et al., 1966; Bruce, 1980; Bruce und Sinclair, 1980).

Die Anzahl der Meissnerschen Körperchen in der Leistenhaut des großen Zehs beträgt etwa die Hälfte der Anzahl in der Fingerhaut und ist ebenfalls vom Alter abhängig (Bolton et al., 1966).

8.1.2 Struktur

Die typischen Meissnerschen Körperchen in den Bindegewebspapillen der Leistenhaut (Abb. 21–24) haben eine länglich-ovale Form. Die Längsachse der Körperchen ist senkrecht zur Hautoberfläche orientiert. Sie sind 40–70 µm breit und 100–150 µm lang (Kadanoff, 1971a; Halata, 1975; Chouchkov, 1978). Sie liegen unmittelbar

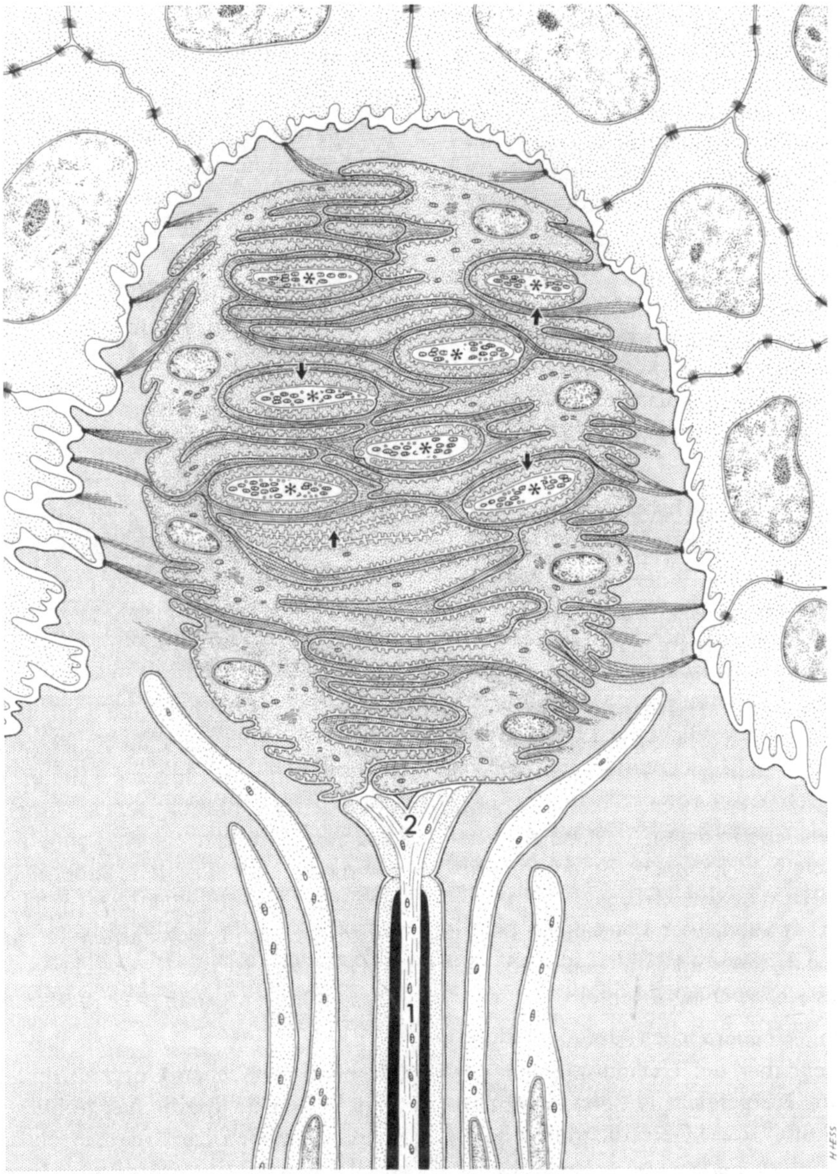

Abbildung 24: Halbschematische Darstellung eines Meissnerschen Körperchens in der Papillarschicht der Leistenhaut. Das afferente Axon (1) ist markhaltig und verzweigt sich (2). Die marklosen Äste weisen terminale Verdickungen auf (*), die von dünnen Ausläufern der terminalen Schwannschen Zellen (Pfeile) umgeben sind. Die Zellkerne der Schwannschen Zellen liegen in der Peripherie des Körperchens. Bündel kollagener Fibrillen der Papillarschicht ziehen durch die Spalten zwischen den terminalen Schwannschen Zellen hindurch und fixieren das Körperchen in seiner Lage. In Anlehnung an ANDRES und VON DÜRING, 1973 und HALATA, 1975.

unter der Basalmembran in einer Epithelkrypte, die von einer Drüsenleiste (Crista intermedia), einer Haftleiste (Grenzleiste – Crista limitans nach STÖHR JR., 1928) und zwei Querleisten begrenzt ist (HALATA, 1975). Das Dach dieser Krypten liegt in der Fingerhaut der Primaten in der gleichen Höhe wie der Boden der Furche zwischen zwei Drüsenleisten. Auf diese Weise ist das Meissnersche Körperchen, obwohl es in der Dermis liegt, der der Oberfläche am nächsten gelegene Tastapparat. Das Körperchen liegt der Basalmembran der Drüsenleiste an, von der Haftleiste ist es meistens durch eine Kapillarschleife abgeschirmt.

Das Meissnersche Körperchen besteht aus markhaltigen Nervenfasern mit ihren Nerventerminalen, aus terminalen Schwannschen Zellen, die auch als Lamellarzellen bezeichnet werden (IDE, 1985), und einer Bindegewebskapsel.

Das afferente Axon (Abb. 22 und 24) hat einen Durchmesser von 3–5 µm und ist bis in die Basis des Körperchens hinein mit einer Markscheide ausgestattet (HALATA, 1975). Ein einziges Körperchen in der menschlichen Fingerhaut kann von 1–7 afferenten Nervenfasern versorgt werden (CAUNA und ROSS, 1960; CHOUCHKOV, 1972; QUILLIAM, 1975, 1978). In der Fingerhaut der Primaten wurden bis zu drei afferente Axone (HALATA, 1975) gezählt. Die große Variationsbreite in der Anzahl der Axone erklärt sich aller Wahrscheinlichkeit nach durch die Altersabhängigkeit. Mit dem Alter verringert sich nicht nur die Anzahl der Körperchen pro mm^2, sondern auch die Anzahl der afferenten myelinisierten Axone (MATHEWSON und NAVA, 1985). Mit deren Verringerung steigt aber die Anzahl der Verzweigungen der marklosen Äste. Auch Krankheiten, wie zum Beispiel Diabetes mellitus oder Erkrankungen des peripheren Nervensystems, können die Anzahl der Meissnerschen Körperchen und deren afferente Axone verringern (DYCK et al., 1966; RAS und NAVA, 1986).

Nach dem Verlust der Markscheide innerhalb des Körperchens verzweigen sich die marklosen Axone mehrfach. Die Anzahl der Verzweigungen steigt mit dem Alter (MATHEWSON und NAVA, 1985). Innerhalb des Körperchens verlaufen die einzelnen Äste spiralförmig und weisen plattenförmige Auftreibungen auf (CASTANO und VENTURA, 1978). In diesen Verdickungen befinden sich Ansammlungen von Mitochondrien und Vesikeln mit einem Durchmesser von ca. 80 nm (HALATA, 1975). Außerdem sind in diesen Terminalen netzartig angeordnete Neurofilamente und Neurotubuli zu finden (HALATA und MUNGER, 1983). Die Verdickungen sind mit ihrer Längsachse parallel zur Oberfläche der Haut und damit senkrecht zur Längsachse des Körperchens orientiert.

Mit Hilfe von histochemischen Methoden konnte gezeigt werden, daß die Nerventerminalen der Meissnerschen Körperchen aus der Umgebung verschiedene Stoffe, wie Meerrettichperoxidase, aufnehmen und zum Perikaryon transportieren (JIRMANOVA und ZELENA, 1980). Immunhistochemisch wurden in den afferenten Axonen für die sensiblen Axone spezifische Proteine (Neurofilament-Protein, Neuron-spezifische Enolase und das basische Myelin-Protein) nachgewiesen (DALSGAARD et al., 1984; BJÖRKLUND et al., 1986). Bekannte Neurotransmitter oder Neurotransmitterverdächtige Substanzen wurden bisher in den Nerventerminalen der Meissnerschen Körperchen nicht beobachtet.

Neben den myelinisierten Nervenfasern wurden in einigen Körperchen oft auch nicht myelinisierte oder sehr schwach myelinisierte zusätzliche Nervenfasern, die man als Timofeew'schen Apparat bezeichnete (TIMOFEEW, 1894, 1896), beschrieben (RUFFINI, 1905; CREVATIN, 1901; RACHMATULIN, 1936). Nach elektronenmikroskopischen Untersuchungen handelt es sich bei diesen Nervenfasern offensichtlich um freie Nervenendigungen, die nicht das Meissnersche Körperchen, sondern die Bindegewebspapille der Leistenhaut innervieren (HALATA und MUNGER, 1983).

Die terminalen Schwannschen Zellen (Abb. 23 und 24) umhüllen die marklosen Äste der afferenten Axone und ihre Verdickungen. Die komplizierte räumliche Gestalt der terminalen Schwannschen Zellen wird erst nach den dreidimensionalen Rekonstruktionen von CASTANO und VENTURA (1978, 1979) verständlich. Danach liegt das Zytoplasma der Schwannschen Zellen mit dem Zellkern in der Peripherie des Körperchens und erscheint im Lichtmikroskop als eine Kapsel. In das Innere des Körperchens schicken die Schwannschen Zellen schmale, abgeplattete zytoplasmatische Lamellen. Diese umhüllen die Nerventerminalen. Sie bilden eine 1–4-schichtige Hülle um die Nervenverdickungen. Die Zellmembran der Lamellen ist mit einer großen Anzahl pinozytotischer Vesikel (Caveolae) besetzt. Gegen das Bindegewebe sind die zytoplasmatischen Lamellen der terminalen Schwannschen Zelle von einer Basallamina abgegrenzt. Die Lamellen zweier benachbarter Schwannscher Zellen greifen ineinander, ähnlich wie Finger gefalteter Hände. Zwischen den zytoplasmatischen Lamellen verlaufen kollagene Fibrillen. Sie sind zum Teil die Verlängerung des endoneuralen Bindegewebes, zum Teil gehen sie kontinuierlich über in die Bindegewebsfasern der Papillarschicht der Dermis. Mit Hilfe dieser Fasern ist das Körperchen in der Bindegewebspapille aufgehängt (ANDRES und VON DÜRING, 1973).

Die histochemischen Untersuchungen haben gezeigt, daß die unspezifische Cholinesterase typisch für die Lamellen der Meissnerschen Körperchen ist (IDE und SAITO, 1980a). Das Enzym wurde in den Zisternen des rauhen endoplasmatischen Reticulums und perinukleär nachgewiesen. Weiterhin wurde das Enzym auch in den Caveolae der Lamellarzellen und in den Spalten zwischen den zytoplasmatischen Lamellen beobachtet (IDE und SAITO, 1980a). Dies spricht dafür, daß das Enzym in den terminalen Schwannschen Zellen synthetisiert und in die Umgebung der Nerventerminalen abgegeben wird. Die zytoplasmatischen Lamellen der terminalen Schwannschen Zellen können, wie das terminale Axon, aus der Umgebung Stoffe aufnehmen und speichern (JIRMANOVA und ZELENA 1980). Der Transport erfolgt nach IDE und SAITO (1980b, d) wahrscheinlich über die Caveolae der zytoplasmatischen Membran der terminalen Schwannschen Zellen.

Die terminale Schwannsche Zelle ist an der Außenfläche von einer Basallamina bedeckt, welche durch eine Interaktion zwischen der Zellmembran und dem Bindegewebe der Umgebung gebildet wird. Das Vorhandensein einer Basallamina ist für die Regeneration von Meissnerschen Körperchen wichtig. So sucht nach einer Degeneration die regenerierende Nervenfaser zurückgebliebene Reste der Basallamina und wächst in das Körperchen hinein (IDE, 1986). Ein Zeichen für die Entwicklung, Reifung und Regeneration der Meissnerschen Körperchen ist die Aktivität der unspezifischen Cholinesterase (IDE, 1982a und b).

Die Kapsel der Meissnerschen Körperchen (Abb. 24) besteht lediglich im basalen Abschnitt aus einem Perineurium, die apikalen 4/5 des Körperchens haben keine Kapsel. Die äußere Begrenzung bilden die Zelleiber der Schwannschen Zellen mit ihren Zellkernen.

Das basale Fünftel der Kapsel besteht aus dem Perineurium des zuführenden Nerven. Die perineuralen Zellen sind flach und bilden 2–3 Schichten. Jede einzelne Schicht ist beiderseits von einer Basallamina umhüllt. Der perineurale Abschnitt der Kapsel hat damit die Form eines zur Oberfläche der Haut gerichteten Kelches.

8.1.3 Entwicklung

Die Entwicklung der Meissnerschen Körperchen wurde beim Menschen von RANVIER (1880), SZYMONOVICZ (1933), JALOWY (1939) und CAUNA (1953, 1956a) lichtmikroskopisch untersucht. Allgemein wird angenommen, daß die ersten Anlagen der Meissnerschen Körperchen am Ende des 4. Monats des Fetallebens vorkommen. Gegenüber den anderen Formen der sensiblen Nervenendigungen dauert die Entwicklung der Meissnerschen Körperchen nach JALOWY (1939) am längsten. Die vollständig ausgebildeten und ausgereiften Körperchen findet man erst nach der Geburt, bei einjährigen Kindern. Während ihrer Reifung passen sich die Meissnerschen Körperchen offensichtlich in Anzahl und Form jeder Veränderung der Leistenhaut an. Aber auch die reifen Körperchen können ihre Form verändern (BOLTON et al., 1966; BRUCE, 1980).

Licht- und elektronenmikroskopisch wurde die Entwicklung der Meissnerschen Körperchen in der Fingerhaut eines Opossums (*Didelphis virginiana*) von BRENOWITZ et al. (1980) untersucht. Nach ihren Beobachtungen reifen die Meissnerschen Körperchen im Gegensatz zu den Pacinischen Körperchen und Merkelschen Nervenendigungen sehr spät (ca. 60 Tage nach der Geburt).

Die Meissnerschen Körperchen in der Haut der Finger der Labormaus (IDE, 1976, 1977) entwikkeln sich auch erst postnatal und werden erst zwischen dem 20. und 25. Tag nach der Geburt reif.

8.1.4 Funktion

Die Meissnerschen Körperchen sind schnell adaptierende Mechanorezeptoren, die auf Druck reagieren (LINDBLOM und TAPPER 1967; IGGO und GOTTSCHALDT, 1974; ZIMMERMANN, 1978; MUNGER et al., 1979; IGGO und ANDRES, 1982; IGGO, 1985; VALLBO, 1981; VALBO et al. 1979). Durch den mechanischen Druck auf die Oberfläche der Leistenhaut wird die Drüsenleiste in die Dermis hineingedrückt und der obere Pol des Meissnerschen Körperchens gegen den unteren Pol gedreht. Auf diese Weise wird an den Nerventerminalen mit Hilfe der Aufhängung das System der kollagenen Fibrillen gespannt, und es kommt zur Auslösung eines Aktionspotentials (GOTTSCHALDT, 1973). Dessen Bandbreite liegt zwischen 10 und 400 Hz mit einem Maximum der Sensibilität zwischen 100 und 200 Hz (IGGO, 1985); nach DYKES (1982, 1983) liegt das Optimum zwischen 30 und 40 Hz.

8.2 Lanzettförmige Nervenendigungen der Haare

Die Struktur der Meissnerschen Körperchen ähnelt sehr der der lanzettförmigen Nervenendigungen (Abb. 25–27) der Lanugo-, Kontur- und Sinushaare (DASTUR, 1955; HALATA, 1975; MUNGER, 1971; MUNGER und HALATA, 1983). Die lanzettförmigen Nervenendigungen wurden zuerst von BONNETT (1878) und später von ANDRES (1966) und ANDRES und VON DÜRING (1973) als solche bezeichnet. Sie sind in der älteren Literatur auch unter dem Namen Terminalfasern bekannt (Übersicht siehe bei STÖHR JR., 1928b). Die elektronenmikroskopischen Untersuchungen von ANDRES (1966), ORFANOS (1967), MUNGER (1971), HASHIMOTO (1973a, 1979), ANDRES und VON DÜRING (1973), HALATA (1975, 1978), HALATA und MUNGER (1980a und c) und MUNGER und HALATA (1983) haben die Ähnlichkeit der Struktur der Terminalen mit der der Meissnerschen Körperchen bestätigt.

Die lanzettförmigen Nervenendigungen der Haarfollikel bestehen ebenfalls aus drei Komponenten, nämlich dem afferenten Axon mit seinen Terminalen, den terminalen Schwannschen Zellen und der Kapsel.

Die Nerventerminalen (Abb. 26 und 27) stammen von afferenten Axonen des tieferen Nervengeflechtes der Haut (des Stratum subcutaneum nach STÖHR JR., 1928). Ein Haarfollikel wird von ca. 10–20 markhaltigen afferenten Axonen (Axondurchmesser 4 bis 6 μm) versorgt (WEDDEL, 1954; HALATA, 1975). Nach dem Verlust seiner Markscheide kann jedes Axon bis zu 4 Nerventerminalen bilden. Die Anzahl der Nerventerminalen ist von der Dicke des Haarfollikels abhängig. Dickere Kontur- und Terminalhaare besitzen mehr Nerventerminalen, kleinere Lanugohaare dagegen weniger. Die Nerventerminalen verlaufen parallel zur Längsachse des Haarfollikels. Sie sind im Querschnitt länglich oval, und die längere Achse des Ovals ist radiär zur Längsachse des Haarfollikels orientiert. Mehrere lanzettförmige Nervenendigungen bilden mit ihren Nerventerminalen um die Verdickung des Haarfollikels unterhalb der Talgdrüse einen palisadenartigen Kranz. Sie enthalten die typischen Merkmale von Nerventerminalen (Mitochondrien, Vesikel, Netze von Neurofilamenten und Neurotubuli) und sind an den abgeplatteten Seiten des Ovals in ganzer Länge von terminalen Schwannschen Zellen umgeben (Abb. 26). Die Zellmembran der stark abgeflachten Ausläufer Schwannscher Zellen weist wiederum die typische Membranvesikulation auf (Abb. 26 und 27). Die Basallamina der terminalen Schwannschen Zellen verschmilzt mit der des Haarfollikels. Das Zytoplasma mit dem Zellkern liegt in der Peripherie der Schwannschen Zelle. Eine Schwannsche Zelle kann mit ihren Ausläufern mehrere Nerventerminalen umhüllen.

Die Kapsel (Abb. 27) besteht ausschließlich aus Fibroblasten und kollagenen Fibrillen. Sie bildet die äußere Begrenzung des bindegewebigen Haarbalges.

8.2.1 Funktion der lanzettförmigen Nerventerminalen

Sie wurde an den Sinushaaren der Hauskatze untersucht (Gottschaldt et al., 1973). Die Rezep-

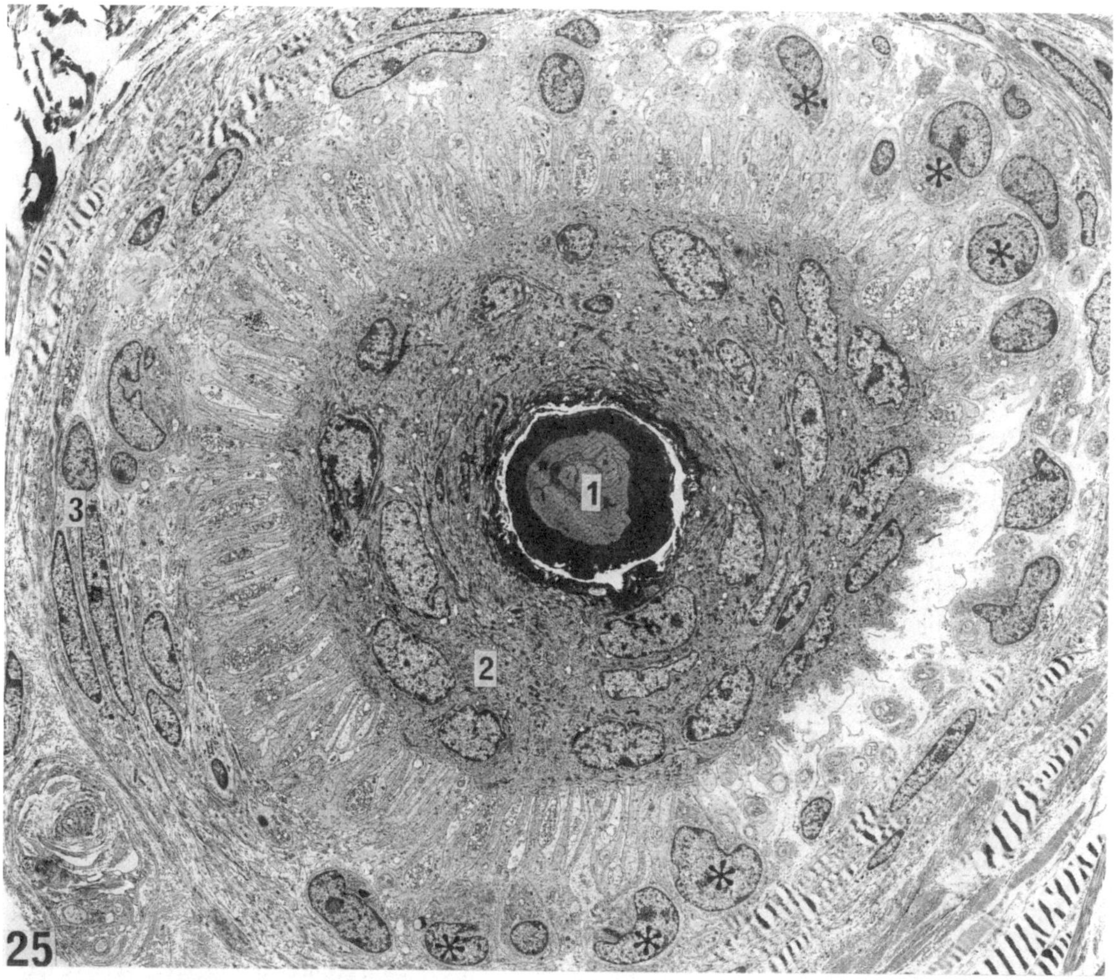

Abbildung 25: Lanugohaar des oberen Augenlids eines Primaten im Querschnitt. 1 – Haarschaft, 2 – Epithel des Haarfollikels, 3 – bindegewebige Kapsel des Haarbalges. Zwischen der Kapsel und der Basalschicht des Follikelepithels befinden sich radiär angeordnete, lanzettförmige Nervenendigungen. Die terminalen Schwannschen Zellen umhüllen die lanzettförmigen Nerventerminalen bis auf die dem Follikelepithel zugewandte Kante, die Kontakt mit der Basallamina des Haarfollikels hat. Die Zellkerne der terminalen Schwannschen Zellen (*) liegen außen unter der Bindegewebskapsel des Haarfollikels. *Macaca cynomolgus*; EM Bild, 1350 X.

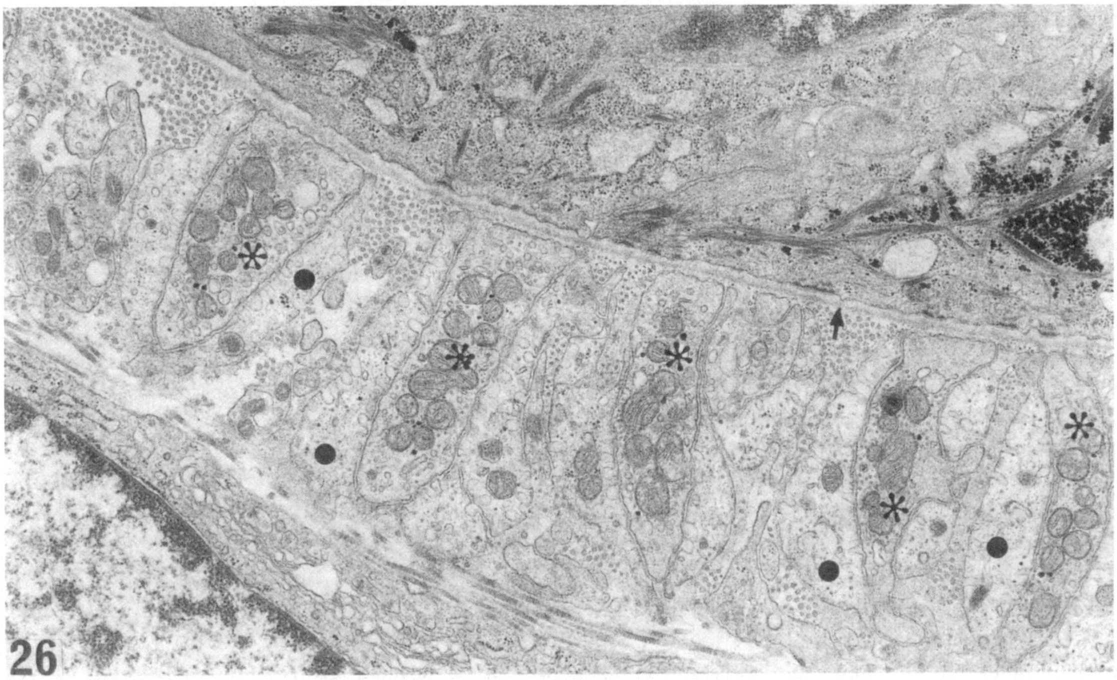

Abbildung 26: Lanugohaar aus dem oberen Abschnitt des Planum nasale der Hauskatze im Querschnitt. Die lanzettförmigen Nerventerminalen (*) enthalten Ansammlungen von Mitochondrien und haben Kontakt mit der Basallamina des Haarfollikels (Pfeile). Die zytoplasmatischen Lamellen der Schwannschen Zellen (Punkte) weisen Mikrovesikulationen auf. Hauskatze (*Felis silvestris* f. catus); EM Bild, 11400 X.

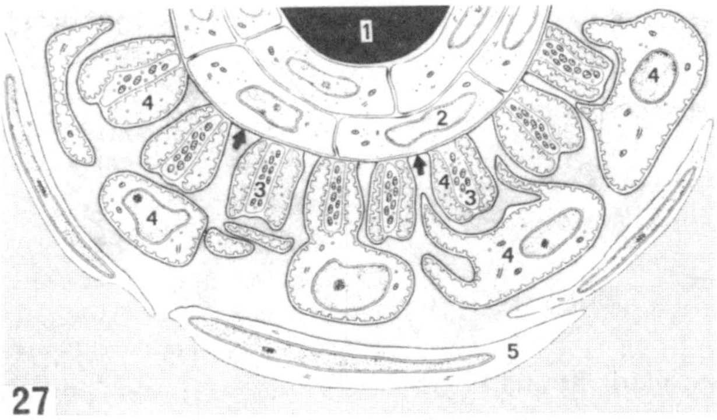

Abbildung 27: Halbschematische Darstellung der Palisaden von lanzettförmigen Nervenendigungen eines Lanugohaares im Querschnitt. 1 – Haarschaft, 2 – basale Schicht des Haarfollikelepithels, 3 – Nerventerminalen, 4 – Schwannsche Zellen mit ihren zytoplasmatischen Lamellen, 5 – Fibroblasten der Bindegewebskapsel des Haarfollikels, (Pfeile) – Basallamina.

toren sind in ihrer Funktion mit den Meissnerschen Körperchen (GOTTSCHALDT, 1973) verwandt und adaptieren schnell. Die Bewegung des Haarschaftes wird über das Follikelepithel und seine Basallamina auf die Palisade der Nervenendigungen übertragen. Aktionspotentiale entstehen nur während einer Haarbewegung, die eine kritische Geschwindigkeit übersteigen muß. Die Frequenz der Aktionspotentiale steigt mit der Geschwindigkeit der Bewegung des Haares (GOTTSCHALDT, 1973).

8.3 Die Lamellenkörperchen mit perineuraler Kapsel

Sie weisen eine noch größere morphologische Vielfalt auf als die ohne perineurale Kapsel. Dementsprechend existiert in der alten, aber auch in der neueren Literatur eine verwirrend große Anzahl von verschiedenen Bezeichnungen. So unterteilt STÖHR JR. (1928, 1957) die Körperchen im Bindegewebe in sogenannte Endbüschel oder

Endbäumchen (wahrscheinlich handelt es sich um Ruffinische Körperchen), Krausesche Endkolben, Golgi-Mazzonische und Dogielsche sowie Pacinische Körperchen. CHOUCHKOV (1978) beharrt auf der mit lichtmikroskopischen Methoden erarbeiteten Einteilung seines Lehrers KADANOFF und unterteilt die eingekapselten Körperchen in Meissnersche Körperchen, Krausesche „Bulbs", Genitalkörperchen, Golgi-Mazzoni Körperchen, Krausesche einfache Endkolben, Herbstsche Körperchen der Vögel und Pacinische Körperchen.

Jeder dieser Typen weist wiederum eine große Variabilität auf. So beschreibt POLACEK (1966) im Bindegewebe der Gelenkkapsel 12 verschiedene Varianten von eingekapselten Körperchen. Sie unterscheiden sich voneinander in der Anzahl der afferenten Axone (1–2), in der Verzweigungsart der marklosen Äste innerhalb des Innenkolbens und in der Anzahl der Innenkolben. Nach POLACEK (1968) und MALINOVSKY (1966a und b) existiert diese Variabilität nicht nur innerhalb einer Spezies, sondern sie kann auch zwischen den einzelnen Spezies auftreten. Sie betrifft auch die Gesamtgröße der Körperchen. So sind zum Beispiel die eingekapselten Körperchen mit einem Innenkolben in der Gelenkkapsel des Kaninchens (*Oryctolagus*) und des Meerschweinchens (*Cavia*) größer als die der Gelenkkapseln des Goldhamsters (*Cricetus*) oder der Wistarratte (POLACEK und SKLENSKA, 1964).

Mit Hilfe der Elektronenmikroskopie wurden Kriterien aufgestellt, die die Unterteilung dieser Körperchen stark vereinfachen. So unterteilt HALATA (1975) die eingekapselten Körperchen in zwei Typen:

1. Einfache eingekapselte Körperchen mit einem Innenkolben
[Synonyme: Krausesche zylindrische und kugelige Endkolben, Dogielsche Körperchen, Golgi-Mazzonische Körperchen, Genitalkörperchen, Hoggan corpuscle und Blackwell corpuscle (HOGGAN, 1884), kleine Vater-Pacinische Körperchen (BOTEZAT, 1903; BOEKE, 1933b), muco-cutaneous end organs (WINKELMANN, 1960), innominate corpuscle (QUILLIAM und ARMSTRONG, 1963; QUILLIAM, 1966a, b; LOO und KANAGASUNTHERAM, 1972), paciniform corpuscles (MALINOVSKY, 1966a, b und c), simple encapsulated corpuscle (POLACEK und HALATA, 1970)]
und
2. Pacinische Körperchen.

8.4 Einfache eingekapselte Körperchen mit einem Innenkolben

Die Liste der Autoren, die sich mit der Untersuchung dieses Typs der Körperchen mit Hilfe von lichtmikroskopischen Methoden beschäftigten, ist sehr lang. Die Arbeiten von CAUNA und MANNAN (1958, 1959) und die Monographien von HALATA (1975) und MALINOVSKY und PAC (1982) enthalten ausführliche Literaturübersichten.

Elektronenmikroskopisch wurden die einfachen eingekapselten Körperchen in der Lippe der Kuh (*Bos primigenius* f. taurus L.) (WALTER, 1962; WALTER und HEBEL, 1966), im Penis der Laborratte (PATRIZI und MUNGER, 1965), des Pferdes (*Equus*) und des Hausschweins (*Sus scrofa* f. domestica L.) (ORMEA und GOGLIA, 1969), in den Sinushaaren der Ratte (ANDRES, 1966) (unter der Bezeichnung Golgi-Mazzonisches Körperchen), der Katze, des Miniaturschweins (HALATA, 1975), von Primaten (*Macaca mulatta* und *Macaca fascicularis*) (HALATA und MUNGER, 1980c), in der Schnauze des Maulwurfs (*Talpa europaea*) (GOGLIA et al., 1970; HALATA, 1971a, 1975; ANDRES und VON DÜRING, 1973; BUISSERET et al., 1976), im Planum nasolabiale der Hauskatze (GOGLIA und SANTANIELO, 1970a, b; POLACEK und HALATA, 1970; SPASSOVA, 1973; HALATA, 1975), in der Zunge der Hauskatze (SPASSOVA, 1974), in der Schnauze des Hausschweins (*Sus scrofa* f. domestica L.) (NAFSTAD, 1971; HALATA, 1975), von Delphinen (*Delphinus delphis* und *Tursiops truncatus*) (JAMISON et al., 1972) und der Laborratte (MACINTOSH, 1975; SILVERMAN et al., 1984), in der Haut der Finger von *Tupaia* (LOO und KANAGASUNTHERAM, 1973; KLAUER, 1986) und vom Waschbär (*Procyon*) (MUNGER und PUBOLS, 1972), sowie in der Gingiva der Laborratte (MARTINEZ und PEKARTHY, 1974) untersucht. Die Ultrastruktur dieser Körperchen wurde in den Gelenkkapseln der Hauskatze (HALATA und GROTH, 1976; HALATA, 1977b), einer Fledermaus (*Myotis myotis*) (MALINOVSKY und NOVOTNY, 1980), von Affen (*Macaca mulatta* und *Macaca fascicularis*) (HALATA et al., 1984), des Menschen (HALATA et al., 1986) und eines Marsupialiers (*Dasyuroides byrnei*) (STRASMANN et al., 1987a) beschrieben.

8.4.1 Vorkommen

Die einfachen eingekapselten Körperchen mit einem Innenkolben wurden in der Dermis der unbehaarten und behaarten Haut, des Stratum fibrosum der Gelenkkapseln, in der Submucosa einiger Hohlorgane (Lippen – HALATA und MUNGER,

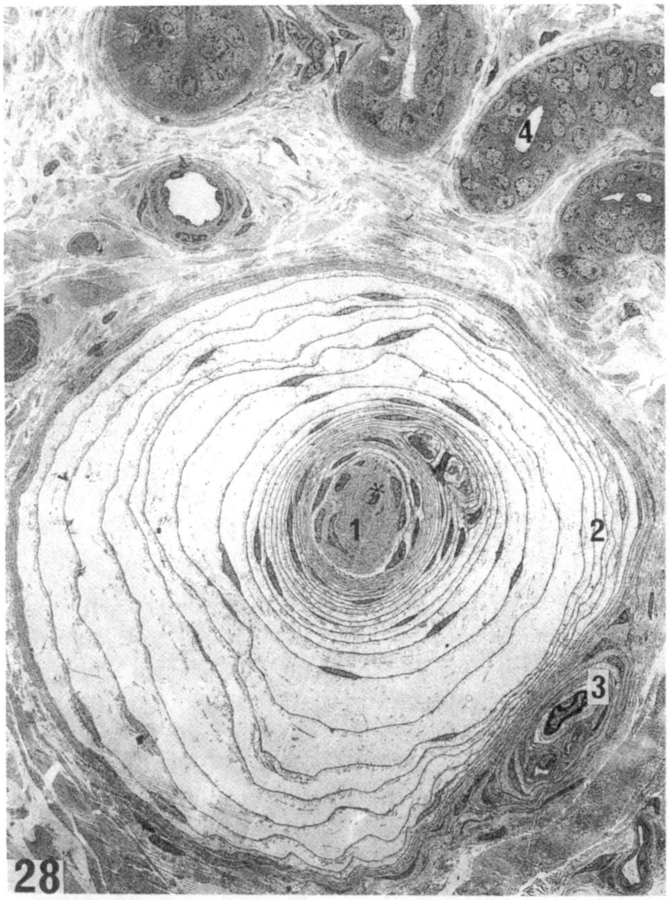

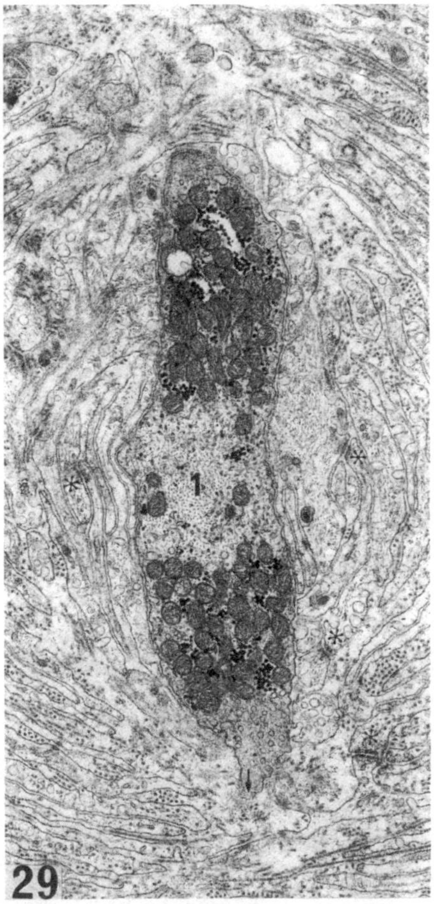

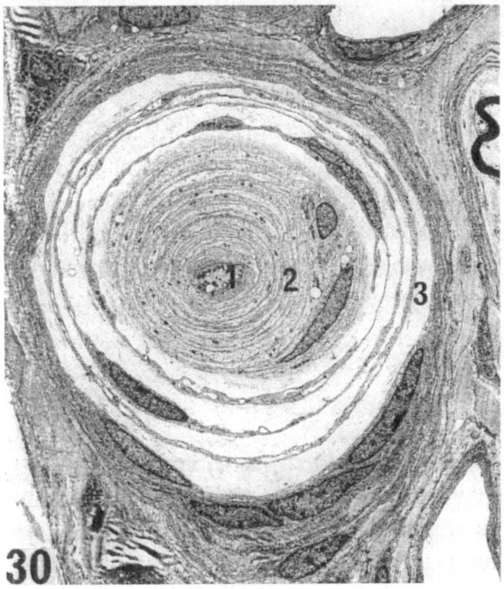

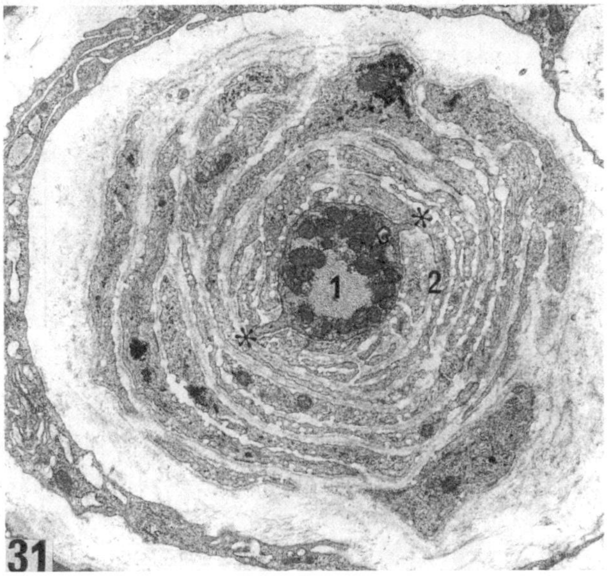

Abbildung 28: Vater-Pacinisches Körperchen aus der Fingerhaut eines Primaten. * – afferentes Axon, 1 – Innenkolben, 2 – Schichten der perineuralen Kapsel, 3 – markhaltiges Axon, 4 – Schweißdrüse. *Macaca mulatta*; EM Bild, 340 X.

Abbildung 29: Vater-Pacinisches Körperchen aus dem Mesenterium der Hauskatze. Das terminale Axon (1) schickt Ausstülpungen (Pfeile) in den Längsspalt des Innenkolbens. In den Ausstülpungen liegen Vesikel. Zwischen den zytoplasmatischen Lamellen des Innenkolbens befinden sich desmosom-ähnliche Kontakte (*). Hauskatze (*Felis silvestris* f. catus); EM Bild, 11 000 X.

Abbildung 30: Kleines Pacinisches Körperchen aus der Kniegelenkkapsel. 1 – Axon, 2 – Innenkolben, 3 – perineurale Kapsel. Hauskatze (*Felis silvestris* f. catus); EM Bild, 1 260 X.

Abbildung 31: Kleines Pacinisches Körperchen aus dem Planum nasale eines Marsupialiers. Das terminale Axon (1) schickt in Spalten zwischen den zytoplasmatischen Lamellen der Schwannschen Zelle (2) stachelartige Fortsätze (*). 3 – Fibroblast. Kowari (*Dasyuroides byrnei*); EM Bild, 6 500 X.

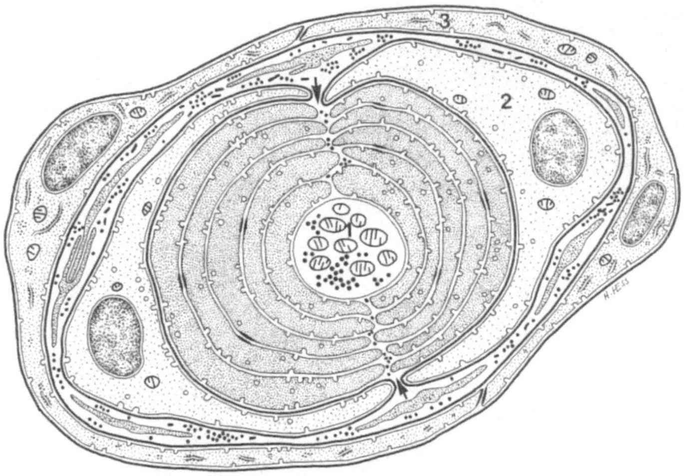

Abbildung 32: Halbschematische Darstellung eines kleinen Pacinischen Körperchens im Querschnitt. 1 – terminales Axon, 2 – Schwannsche Zellen, 3 – perineurale Kapsel, (Pfeile) Längsspalten des Innenkolbens.

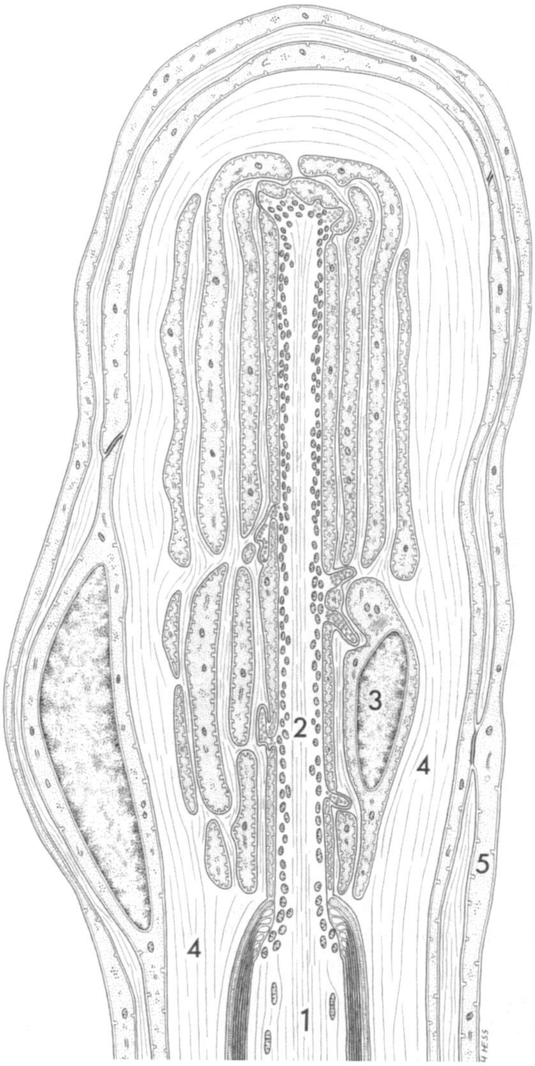

Abbildung 33: Halbschematische Darstellung eines kleinen Pacinischen Körperchens im Längsschnitt. 1 – markhaltiges Axon, 2 – terminales Axon, 3 – terminale Schwannsche Zelle mit ihren zytoplasmatischen Lamellen, 4 – Subkapsularraum mit kollagenen Fibrillen, 5 – perineurale Kapsel.

1983; Wangen, Gaumen und Zunge – MUNGER, 1973, 75; Kehlkopf – NAGAI, 1982; Mastdarm – RETTIG und HALATA, 1990; Vagina – POLACEK, 1968; und Harnblase – MICHAILOW, 1909) sowie im Bindegewebe der Skelettmuskulatur (VAN DER WAL et al., 1987) beobachtet. Am häufigsten sind sie in der Dermis der Haut vertreten (Abb. 53 und 54). Hier zeigen sie auch die größte Variationsbreite.

Die kleinsten Körperchen wurden im bindegewebigen Haarbalg des Sinushaares (Abb. 58 und 59) eines Affen (*Macaca fascicularis*) beobachtet (HALATA und MUNGER, 1980a).

Im Gegensatz zu den Pacinischen Körperchen liegen die kleinen eingekapselten Körperchen mit einem Innenkolben oft im straffen Bindegewebe, manchmal sogar in Bändern (HALATA et al., 1985) oder an den Ansatzstellen der Skelettmuskulatur (VAN DER WAL et al., 1987).

8.4.2 Struktur

Die Körperchen sind meistens länglich oval, im Bindegewebe der Glans penis können sie auch rundlich sein (HALATA und MUNGER, 1986). Den kleinsten Durchmesser weisen die Körperchen der Sinushaare von *Macaca fascicularis* (ca. 10 µm), den größten die der Glans penis (bis zu 300 µm) auf. Auch ihre Länge variiert sehr stark. Die längsten Körperchen wurden mit einer Länge von ca. 500 µm in der Dermis der Glans penis beobachtet. Angaben über die Variabilität in der Größe der Körperchen finden sich in der Monographie von MALINOVSKY und PAC (1982).

Häufig kommen verzweigte und spiralförmige Körperchen vor. Bei den verzweigten Körperchen kann es zu einer Verzweigung des Innenkolbens innerhalb einer Kapsel kommen, oder das Körperchen kann sich mit der Kapsel verzweigen. In der Dermis der Glans penis kann sich das markhaltige Axon innerhalb der Kapsel ein- oder zweimal dichotomisch verzweigen. Nach dem Verlust seiner Markscheide kann es sich nochmals mehrfach verzweigen. Die einzelnen Äste mit ihren terminalen Schwannschen Zellen bilden dann kleinere Innenkolben. In den größten Genitalkörperchen des menschlichen Penis wurden mehr als 20 solcher kleinen Innenkolben beobachtet (HALATA und MUNGER, 1986).

Dieser Typ der Körperchen besteht aus drei Komponenten, nämlich dem afferenten Axon mit seinem Terminale, den terminalen Schwannschen Zellen, die einen sogenannten Innenkolben bilden, und aus der perineuralen Kapsel.

Die afferente Nervenfaser ist markhaltig (Abb. 33) und hat einen Durchmesser von 3–6 μm. Nach dem Verlust der Markscheide kann sich das Axon verzweigen. Die marklosen Abschnitte des Axons bilden die terminale Strecke. Sie können ballonförmige Auftreibungen im Verlauf des Axons und im terminalen Abschnitt aufweisen. In den Auftreibungen befinden sich oft Ansammlungen von Mitochondrien und leeren Vesikeln mit einem Durchmesser von ca. 60 nm. Außerdem kann man hier Glykogengranula beobachten. Die Neurotubuli verlaufen überwiegend zentral, die Neurofilamente in der Peripherie, in der Nähe des Axolemma. Oft findet man im Verlauf des Axons dornförmige Ausstülpungen des Axolemma (Spiculae – STRASMANN et al., 1987a), die in Spalten zwischen die Lamellen des Innenkolbens hineinragen.

Die terminale Schwannsche Zelle bildet ein Lamellensystem (Abb. 30–33), den sogenannten Innenkolben, um den terminalen Abschnitt des Axons. Die Anzahl der Lamellen variiert stark und ist von verschiedenen Faktoren abhängig. Einerseits existiert eine sehr starke interspezifische Variabilität. So ist bei einigen Marsupialiern (*Isoodon macrourus* und *Didelphis virginiana*) (LOO und HALATA, 1985a, b) die Anzahl der Lamellen eines Innenkolbens sehr niedrig (2–5). Bei anderen Spezies, zum Beispiel bei den Primaten (HALATA et al., 1984) oder der Hauskatze (HALATA, 1975, 1977), können bis zu 20 Lamellen in einem Innenkolben beobachtet werden. Außerdem können die Dicke des Axons und der Verzweigungsmodus des terminalen Axons die Anzahl der Lamellen des Innenkolbens beeinflussen. So bestehen zum Beispiel die Innenkolben um die reich verzweigten terminalen Axone der Genitalkörperchen in der Glans penis des Menschen (HALATA und MUNGER, 1986) aus wenigen terminalen Lamellen der Schwannschen Zelle.

Die Dicke der zytoplasmatischen Lamellen nimmt vom Axon zur Kapsel des Körperchens hin zu. Die schmalsten Lamellen umhüllen die Axone. In den dicksten Lamellen in der Peripherie des Innenkolbens liegen die Zellkerne der terminalen Schwannschen Zellen. Die Zellmembran der Lamellen besitzt eine große Anzahl von Mikrovesikulationen (pinozytotische Vesikel) und ist außen von einer Basallamina umhüllt. Zwischen den Basallaminae benachbarter Lamellen entstehen Spalten, in denen kollagene Fibrillen verlaufen. Sie sind überwiegend parallel zur Längsachse des Körperchens orientiert. An einigen Stellen befinden sich an den Lamellen desmosom-ähnliche Verbindungen. Der Golgiapparat und der überwiegende Teil des endoplasmatischen Reticulums liegen im Zytoplasma in der Nähe des Zellkerns.

Neben den konzentrischen Spalten zwischen den einzelnen zytoplasmatischen Lamellen kommen auch Längsspalten vor, die radiär vom periaxonalen Raum ausgehend durch den ganzen Innenkolben hindurch bis in den subkapsulären Spalt reichen. Diese Spalten sind regelmäßig paarig und symmetrisch bei den größten Pacinischen Körperchen ausgebildet. Bei den kleinsten Körperchen können sie vollständig fehlen. Das Fehlen dieser Spalten ist ebenfalls spezies-abhängig. Darüber hinaus fehlen die Längsspalten bei den Amphibien (VON DÜRING, 1973a, b, 1974). Während der Entwicklung der Körperchen ist zu beobachten (HALATA, 1981), daß bei unreifen Körperchen diese Längsspalten unvollständig ausgebildet sind und nicht bis in den Subkapsularraum reichen. Mit der Reifung der Körperchen werden auch die Spalten symmetrischer und unterteilen dann den Innenkolben in zwei fast symmetrische Hälften. In die Längsspalten des Innenkolbens und auch in die konzentrischen Spalten zwischen den zytoplasmatischen Lamellen erstrecken sich die sogenannten Spiculae des terminalen Axons (Abb. 31). Oft sind diese Spiculae so lang, daß sie sogar den Subkapsularraum erreichen.

Die Kapsel der einfachen eingekapselten Körperchen mit einem Innenkolben besteht aus perineuralen Zellen. Diese Zellen bilden konzentrische Schichten. Jede Schicht ist an den Außenseiten von einer Basallamina bedeckt. In den Spalten zwischen benachbarten Basallaminae verlaufen kollagene Fibrillen, die allgemein einen kleineren Durchmesser als die Fibrillen des Kollagens im Endoneurium oder in dem Epineurium eines Nerven haben. Gebildet werden sie nach BREATHNACH (1971, 1977a, b) von den perineuralen Zellen.

Die Anzahl der Lamellen der perineuralen Kapsel ist von der Größe des Körperchens, aber auch von der Spezies abhängig. So kommt eine Kapsel bei den Körperchen der Amphibien so gut wie nie vor (VON DÜRING, 1974). Die kleinen Körperchen der Sinushaare des Javanermakaken (HALATA und MUNGER, 1980c) und die der Maulwurfsnase (HALATA, 1971a) besitzen nur 1–2 Schichten perineuraler Zellen. Bei der Katze und dem Miniaturschwein werden mehr als 5 Schichten in der Kapsel beobachtet.

Die Kapsel bildet die Verlängerung des Perineuriums des peripheren Nerven. In einigen Fällen wurden einfache Körperchen sogar innerhalb eines peripheren Nerven beobachtet (POLACEK und HALATA, 1970; HALATA, 1975; LOO und HALATA, 1985a, b; RETTIG und HALATA, 1990).

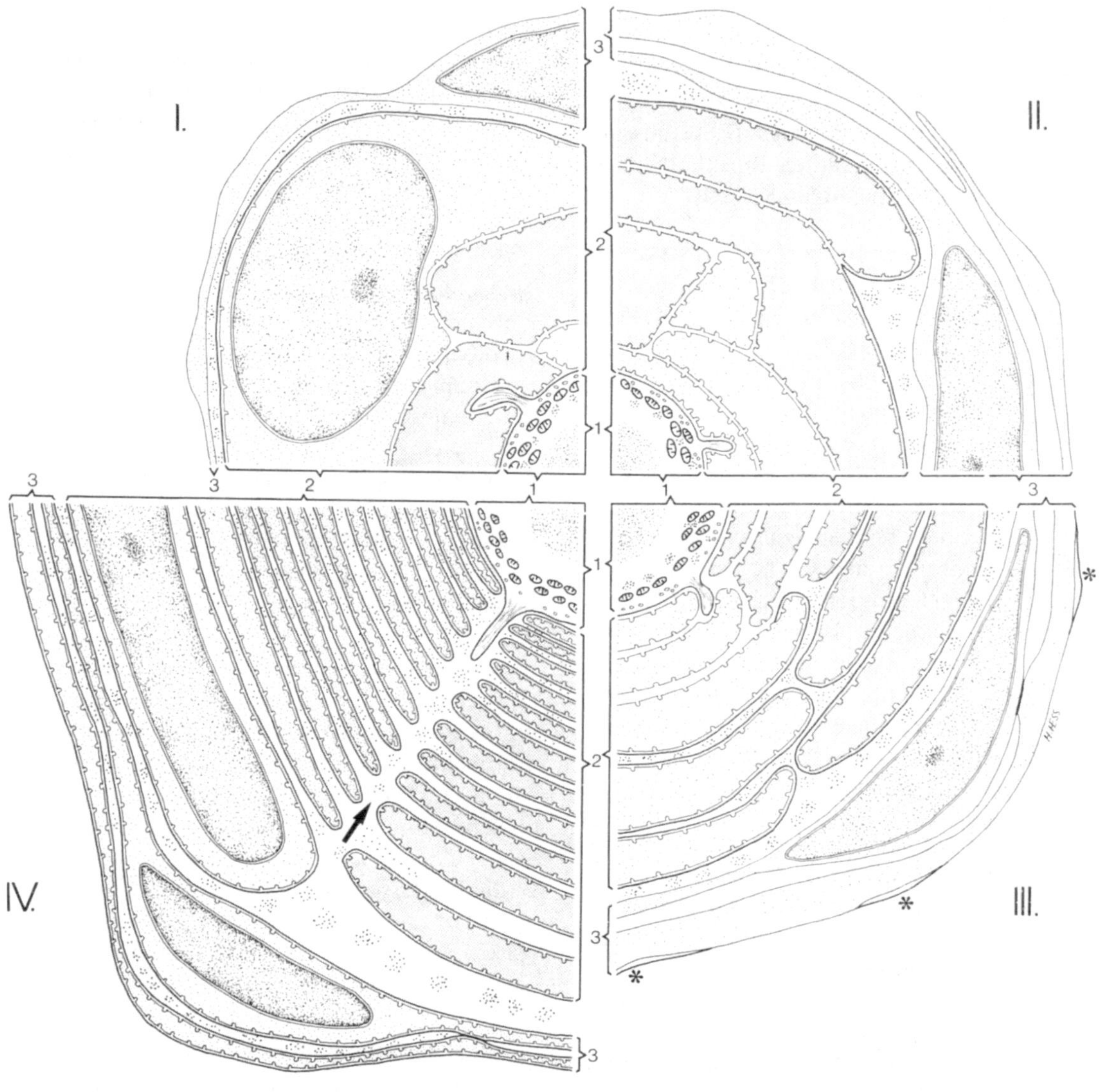

Abbildung 34: Schematische Darstellung der Entwicklung der einfachen eingekapselten Körperchen mit einem Innenkolben in der Papillarschicht des Planum nasale der Hauskatze.
Stadium I 19.–24. postnataler Tag
Stadium II 25.–39. postnataler Tag
Stadium III 39.–67. postnataler Tag
Stadium IV adulte Katzen
Die Nerventerminalen (1) verändern sich nur wenig. Die Zahl der Mitochondrien vergrößert sich absolut, die Neurotubuli und Neurofilamente verringern sich relativ durch die Vermehrung des Axoplasmas. Der Innenkolben (2) wird in einem Querschnitt durch zwei Zytoplasmalamellen-Systeme gebildet (im Bild leere und punktierte Zytoplasmalamellen). Während der Entwicklung kommt es zu einer Erhöhung der Anzahl der Zytoplasmalamellen und zu einer Umorganisation der Lamellensysteme. Bei den reifen Körperchen ist schon ein Längsspalt ausgebildet (Pfeile). Die Kapsel (3) ist erst bei den reifen Körperchen voll ausgebildet. Die einzelnen Schichten sind hier von beiden Seiten von einer Basalmembran bedeckt. In den ersten beiden Stadien fehlt die Basalmembran vollständig, im Stadium III findet man sie nur an einigen Stellen (*). Aus HALATA (1981).

8.4.3 Entwicklung

Die Entwicklung der einfachen eingekapselten Körperchen wurde lichtmikroskopisch von MALINOVSKY (1970), elektronenmikroskopisch von POLACEK und HALATA (1970) und HALATA (1975, 1981) in der Haut des Planum nasale der Hauskatze untersucht. Die Haut des Planum nasale enthält kleinere, vereinzelte Körperchen in dem Stratum papillare und größere Körperchen, die oft in Gruppen liegen, in dem Stratum reticulare der Dermis. Die Entwicklung der Körperchen in der Tiefe der Dermis beginnt praenatal und wird um den 39. Tag der Postnatalentwicklung beendet (Abb. 34). Die Entwicklung der kleineren Körperchen in der Papillarschicht beginnt postnatal und endet zwischen dem 3. und 4. Monat (Abb. 34). Das Nerventerminale des Körperchens erfährt während dessen Entwicklung nur geringe Veränderungen (Wachstum in die Länge und Breite). Es schickt aber in allen Stadien der Entwicklung stachelförmige Ausstülpungen in das Lamellensystem des Innenkolbens. Der Innenkolben wird von den terminalen Schwannschen Zellen gebildet. Im Laufe der Entwicklung nimmt die Zahl der Zytoplasmalamellen zu, sie werden schmaler, und ihre Außenflächen werden nach und nach von einer Basallamina bedeckt. Ein ausgereiftes Körperchen besitzt einen Innenkolben mit einer oder zwei Längsspalten. Die Kapsel entwickelt sich aus den Bindegewebszellen. Sie bilden zuerst eine Schicht um die Anlage des Innenkolbens, und im Laufe der Entwicklung nimmt zunächst die Anzahl der Schichten zu. Die Kapselzellen verfügen zunächst über keine Basallamina. Erst mit der Ausreifung der Körperchen kommt es zu der Bildung einer Basallamina (Abb. 34) um jede Schicht der Kapselzellen (HALATA, 1981).

8.4.4 Funktion

Die Funktion der einfachen eingekapselten Körperchen mit Innenkolben aus der unbehaarten Haut der Katzenpfote wurde von JÄNIG et al. (1968) und JÄNIG (1971 a, und b) ausführlich studiert. Sie reagieren auf Druck, adaptieren schnell und werden von SCHMIDT (1971) als Beschleunigungsdetektoren klassifiziert.

8.5 Pacinische Körperchen

Die Pacinischen Körperchen sind die größten Mechanorezeptoren der Säugetiere. Es ist deshalb auch nicht verwunderlich, daß sie verhältnismäßig früh entdeckt und beschrieben worden sind. Allerdings läßt sich die Frage, wer die Körperchen zuerst entdeckte, nicht eindeutig beantworten. Sehr ausführlich beschäftigten sich mit diesem Problem GRAY (1960) und einhundert Jahre zuvor KRAUSE (1860). Aus beiden Arbeiten ergibt sich folgendes Bild: ABRAHAM VATER, Professor für Anatomie und Botanik an der Universität in Wittenberg, entdeckte bei anatomischen Präparationen die Körperchen in der Haut der Finger und ließ sie von LEHMANN im Jahre 1741 in einer Dissertation, „De consensu partium corpis humani occasione spasmi singularis in manu", beschreiben. Vorsitzender der Kommission, die diese Arbeit begutachtete, war VATER. Dementsprechend erschien auf dem Titelblatt der Arbeit auch der Name VATER's als des Vorsitzenden der Kommission (in größeren Buchstaben) und der von LEHMANN als Autor des Werkes (in kleineren Buchstaben). So darf man heute annehmen, daß die Körperchen von VATER entdeckt, von LEHMANN aber beschrieben worden sind.

Im Jahre 1835 wurden die Körperchen erneut sehr ausführlich von PACINI beschrieben. Diese Arbeit wurde unter den Anatomen sehr bekannt, und dementsprechend benutzten spätere Autoren meistens den Namen Pacini. Daneben findet man in der Literatur aber auch die Bezeichnung Vater-Pacini, (STÖHR JR., 1928, 1951) oder Vater-Lehmannsche Körperchen (HALBHUBER, 1965).

8.5.1 Vorkommen

Die Pacinischen Körperchen sind im Organismus der Säugetiere und des Menschen weit verbreitet. Sie kommen vor allem in der Tiefe der Dermis oder in der Tela subcutanea vor. Außerdem wurden sie im Peritoneum parietale beschrieben (DOGIEL, 1902). Dieser Autor schätzt beim Menschen die Anzahl der Pacinischen Körperchen im Peritoneum auf ca. $1/cm^2$, und RAMSTRÖM (1905, 1908) fand ebenfalls beim Menschen vier Reihen von Pacinischen Körperchen im Peritoneum der vorderen Rumpfwand in der Höhe der Intersectiones tendineae. Die Pacinischen Körperchen wurden weiter im Mesenterium der Hauskatze (Literaturübersicht bei KRÜGER, 1961) und beim Menschen in der Pleura parietalis (DOGIEL, 1902), im Pankreas (KRAUSE, 1860; CEELEN, 1912), in der Harnblase (MICHAILOW, 1909; SHEHATA, 1970, 1972, 1974; IVANOV, 1974), in der Adventitia der Urethra (SHEHATA, 1970, 1974; IVANOV, 1974), in der Tunica dartos des Scrotums (RAUBER, 1867), unter der Kapsel der Prostata (KRAUSE, 1866b; TIMOFEEW, 1896; OHMORI, 1924; IVANOV, 1974), in der Wand der Tuba uterina (RIES, 1908; CORYL-

LOS, 1913) und in der Wand der Vagina (KRAUSE, 1868b; POLACEK, 1968) sowie in der Glandula suprarenalis auf der Grenze zwischen Cortex und Medulla (HABURA et al., 1976) beobachtet. Im Bewegungsapparat befinden sich die Pacinischen Körperchen in den Muskelsepten (RUFFINI, 1893a, b; REGAUD, 1907), an der Membrana interossea cruris (RAUBER, 1867; KÖLLIKER, 1862; TELLO, 1922), im Periost (RAUBER, 1867; PANSINI, 1889) und im periartikulären Bindegewebe (RAUBER, 1867).

8.5.2 Struktur

Mit Hilfe von lichtmikroskopischen Methoden (Übersicht über die Literatur bei CAUNA und MANNAN, 1957a und b sowie MALINOVSKY und PAC, 1982) wurden die Pacinischen Körperchen ausführlich studiert. Die erste elektronenmikroskopische Beschreibung wurde von PEASE und QUILLIAM (1957) publiziert. Die Autoren wählten die Pacinischen Körperchen aus dem Mesenterium der Hauskatze, und ihre Studie wurde am gleichen Tier von POLACEK und MAZANEC (1966) ergänzt. In den folgenden Jahren wurde die Ultrastruktur der Pacinischen Körperchen durch mehrere Autoren ergänzt (ANDRES und VON DÜRING, 1973; CAUNA, 1958, 1962; CHOUCHKOV, 1971a, b, 1978; CHOUCHKOV und WASSILEV, 1972; DUBOVY und MALINOVSKY, 1986; HALATA, 1975, 1984; HALATA und MUNGER, 1986; HALATA et al., 1985; IDE, 1987; IDE und SAITO, 1980b und e; IDE und TOHYAMA, 1985; IGGO und ANDRES, 1982; JIRMANOVA und ZELENA, 1980; KLAUER, 1986; KORTHALS et al., 1974; MALINOVSKY und PAC, 1982; MUNGER, 1971; NISHI et al., 1969; PALLIE et al., 1970; SAKADA und SASAKI, 1984; SANTINI et al., 1971; SPENCER und SCHAUMBURG, 1973; SPENCER et al. 1974; WALTER, 1962; WALTER und HEBEL, 1966; ZELENA, 1978, 1981a, b und c, 1982, 1984a und b).

Die Größe der Pacinischen Körperchen ist von ihrer Lokalisation abhängig. Die größten Körperchen wurden im Mesenterium der Hauskatze beobachtet (mehrere Millimeter in der Länge und Breite – OTELIN et al., 1976). Sie haben eine länglich ovale Form.

Das Pacinische Körperchen besteht, ähnlich wie auch das einfache eingekapselte Körperchen mit einem Innenkolben, aus einem afferenten Axon, aus terminalen Schwannschen Zellen, die einen Innenkolben bilden und aus einer perineuralen Kapsel (Abb. 28).

Das afferente Axon eines Pacinischen Körperchens hat einen Durchmesser von 6–10 µm und ist markhaltig. Allgemein findet man in den typischen Pacinischen Körperchen nur ein afferentes Axon. Die Körperchen mit zwei oder mehreren Axonen und dementsprechend mehreren Innenkolben wurden oft als Golgi-Mazzoni-Körperchen bezeichnet. Die Pacinischen Körperchen mit mehreren Axonen wurden überwiegend im menschlichen Praeputium penis und der Glans penis (HALATA, 1984; HALATA und MUNGER, 1986), in der Kniegelenkkapsel (HALATA et al., 1985) und im Ligamentum cruciatum anterius des Menschen (HALATA und HAUS, 1989) beobachtet. Auch bei der Reinnervation der Pacinischen Körperchen nach einer Denervation (JIRMANOVA, 1987; ZELENA, 1984a und b) vergrößert sich die Anzahl der afferenten Axone.

Innerhalb des Innenkolbens verliert das Axon seine Markscheide. Bei Körperchen älterer Tiere wurde die Markscheide bis zu einem Drittel der Länge des Innenkolbens im Körperchen beobachtet (MALINOVSKY und PAC, 1982). Nach dem Verlust der Markscheide verhält sich die terminale Nervenfaser ähnlich wie bei den kleinen Körperchen. Sie weist ovoide oder kugelige Verdickungen, hauptsächlich im terminalen Abschnitt, auf. In das Lamellensystem des Innenkolbens schickt die terminale Nervenfaser (Abb. 29) stachelige Ausläufer (Spiculae). Diese Ausläufer enthalten nach SPENCER und SCHAUMBURG (1973) Ansammlungen von leeren (Durchmesser = 50 nm) und osmiophilen Vesikeln (Durchmesser = 70–120 nm). Die Ultrastruktur und die Verteilung von Organellen entsprechen vollständig denen der kleinen eingekapselten Körperchen mit einem Innenkolben.

Die terminalen Schwannschen Zellen bilden ein symmetrisch orientiertes System von zytoplasmatischen Lamellen – den sogenannten Innenkolben (Abb. 28 und 29). Die Zellkerne der terminalen Schwannschen Zellen sind in der Peripherie des Innenkolbens kettenförmig angeordnet. Die zytoplasmatischen Lamellen einer Schwannschen Zelle bilden ein System, das aus von einer Basallamina bedeckten Lamellen und den dazwischenliegenden Spalten besteht. Dieses Lamellensystem umfaßt das Axon im Querschnitt halbmondförmig. Das Axon ist auf diese Weise zwischen zwei solchen Lamellensystemen wie ein „hot dog" zwischen zwei Semmelhälften plaziert. Zwei symmetrische Längsspalten trennen die beiden Lamellensysteme voneinander. In den Längsspalten und in den Spalten zwischen den Lamellen verlaufen spiralförmig kollagene Fibrillen. Die Spikes des terminalen Axons ragen in die Spalten hinein. Zwischen den Lamellen befinden sich an vielen Stellen desmosom-ähnliche Verbindungen. Die Anzahl der zytoplasmatischen Lamellen variiert zwischen 20 und 60 (POLACEK und MAZANEC, 1966) und ist von der Größe der Körperchen abhängig.

Die perineurale Kapsel (Abb. 28) besteht aus Schichten flacher perineuraler Zellen, die die Verlängerung des Perineuriums des afferenten Axons darstellen (SHANTHAVEERAPPA und BOURNE, 1962, 1964). Ihre Struktur ähnelt der des Perineuriums und der der Kapselzellen der einfachen Körperchen mit einem Innenkolben. Allerdings sind die Spalten zwischen den Kapselzellen breiter (bis zu 10 µm). Der Subkapsularspalt enthält im proximalen Abschnitt Blutgefäße (PALLIE et al., 1970; DUBOVY und MALINOVSKY, 1983) und neben Fibroblasten auch Makrophagen (IDE und TOHYAMA, 1985). Die Anzahl der Schichten variiert und kann bei den größten Körperchen bis zu 70 betragen.

8.5.3 Entwicklung

Die Entwicklung der Pacinischen Körperchen beim Menschen wurde mehrfach lichtmikroskopisch untersucht (RANVIER, 1880; TELLO, 1917; PILAT, 1925; JALOWY, 1939). Beim Menschen findet man sehr früh die Anlagen der Pacinischen Körperchen (zwischen dem 4. und 6. pränatalen Monat). Voll entwickelte Körperchen kann man bereits ab dem 8. fetalen Monat in der Haut der Finger beobachten.

Elektronenmikroskopisch wurde die Entwicklung der Pacinischen Körperchen an der Membrana interossea cruris der Ratte von ZELENA (1978) untersucht. Die Differenzierung der Pacinischen Körperchen beginnt ca. am 19. bis 20. Embryonaltag. Die Zellen des sich entwickelnden Innenkolbens sind die Verlängerung der Schwannschen Scheide des Axons. Es kommt zunächst zu einer Vermehrung der Anzahl dieser terminalen Schwannschen Zellen sowie zur Vermehrung ihrer Lamellen. Die Anordnung ist jedoch asymmetrisch und wird erst 5–12 Tage nach der Geburt symmetrisch. Die Entwicklung der Kapselzellen beginnt kurz vor der Geburt und vollzieht sich bis zur Ausreifung der Körperchen, die etwa 60 Tage nach der Geburt abgeschlossen ist. Diese Studie bestätigte die Vermutungen, daß es sich bei den Zellen des Innenkolbens um modifizierte Schwannsche Zellen handelt und daß die Kapselzellen sich aus den mesenchymalen Zellen der Umgebung entwickelt haben. Beim Menschen sind die Pacinischen Körperchen die ersten Nervenendigungen, die entwickelt sind.

8.5.4 Funktion

Die Funktion der Pacinischen Körperchen wurde von mehreren Autoren (ADRIAN und UMRATH, 1929; GRAY und MATTHEWS, 1951; LOEWENSTEIN und SKALAK, 1966; LOEWENSTEIN, 1971; JÄNIG, 1971 b; GOTTSCHALDT, 1973) untersucht. Sie funktionieren als Beschleunigungsdetektoren (GOTTSCHALDT, 1973; SCHMIDT, 1976) und adaptieren schnell. Sie reagieren besonders gut auf Vibrationsreize. Die Schichten der Kapsel und die Lamellen des Innenkolbens wirken wie eine Reihe von Stoßdämpfern (GOTTSCHALDT, 1973), durch die die Energie langsamer Bewegungen aufgefangen wird. Nur eine schnelle Verformung kann die beiden Lamellensysteme (Kapsel und Innenkolben) überwinden und sich bis zum Nerventerminale des Innenkolbens fortpflanzen. Die Pacinischen Körperchen können mechanische Schwingungen zwischen 40 und mehr als 1000 Hz wahrnehmen.

9. Ruffinische Körperchen

Die Erstbeschreibungen der Ruffinischen Körperchen der Haut findet man in den Arbeiten von (RUFFINI, 1893 a, b, 1894, 1905). DOGIEL (1903) hält die Ruffinischen Körperchen, ähnlich wie JALOWY (1936, 1939), für eine Modifikation der Meissnerschen Körperchen („fiocchetti papillari" – RUFFINI, 1894). In weiteren lichtmikroskopischen Studien (POLACEK, 1966) wurden die Ruffinischen Körperchen auch in den Gelenkkapseln beobachtet. Sie wurden von POLACEK (1966) als „spray-like endings" bezeichnet. Die Gewißheit über die Existenz der Ruffinischen Körperchen als eine gesonderte morphologische Klasse von Rezeptoren haben die elektronenmikroskopischen Beschreibungen dieser Körperchen von GOGLIA und SKLENSKA (1969) und CHAMBERS et al. (1972) erbracht.

9.1 Vorkommen

Die Ruffinischen Körperchen kommen sowohl in der behaarten als auch in der unbehaarten Haut sowie in den Gelenkkapseln der Säugetiere und des Menschen (HALATA, 1988) und im Periodontium der Zähne (BYERS, 1985; LINDEN, 1984; MILLAR et al., 1989) vor.

In der unbehaarten Nasenhaut des Hausschweins liegen sie im Stratum reticulare der Dermis oft in der Nähe der Ansätze der mimischen Muskulatur (HALATA, 1988). In Corpus und Glans penis sind die Ruffinischen Körperchen des Menschen (HALATA und MUNGER, 1985; HALATA und BONORDEN-KLEIJ, 1988) und der Hausziege (Abb. 35) (HALATA et al., 1988) im straffen Bindegewebe eingebettet, im Praeputium oft in der Nähe der glatten Muskelzellen der Tunica dartos.

In der behaarten Haut wurden die Ruffinischen Körperchen im Stratum reticulare der menschlichen Kopfhaut ohne Verbindung zu Haarfollikeln (HALATA und MUNGER, 1981 a) beobachtet, in anderen Bereichen der behaarten Haut wurden sie als Pilo-Ruffini-Komplexe (BIEMESDERFER et al., 1978) in Verbindung mit den Haarfollikeln der Konturhaare und Wimpern (HALATA und MUNGER, 1980 a, 1981 b und MUNGER und HALATA, 1983, 1984) beschrieben. In den Sinushaaren des Affen *Macaca fascicularis* (HALATA und MUNGER, 1980 c) liegen sie im bindegewebigen Haarbalg (Abb. 58).

Die Ruffinischen Körperchen in den Gelenkkapseln (Abb. 36) liegen bei allen untersuchten Spezies ausschließlich in der Schicht des Stratum fibrosum (HALATA, 1977 a; HALATA und MUNGER, 1980 b).

9.2 Struktur

9.2.1 Ruffinische Körperchen der unbehaarten Haut

Die Ruffinischen Körperchen der unbehaarten Haut wurden in der Schweineschnauze, in Praeputium und Glans penis des Menschen sowie in der Glans penis der Hausziege (Abb. 35) beobachtet. In der Haut der Schweineschnauze liegen sie in der Tiefe der Dermis im Stratum reticulare, meistens in der Nähe der Ansätze der mimischen Muskulatur (HALATA et al., 1986). Das Körperchen hat eine perineurale Kapsel, die einen offenen Zylinder bildet. Die beiden Enden des Zylinders sind abgerundet oder zugespitzt, und durch die Öffnungen treten Bündel kollagener Fasern der Dermis in das Körperchen hinein und am anderen Ende aus dem Körperchen heraus. Die Nerventerminalen sind zwischen den Bündeln kollagener Fasern verankert. Das afferente Axon ist myelinisiert, hat einen Durchmesser von ca. 5 µm und tritt in den Zylinder entweder an einem der zugespitzten Enden (CHAMBERS et al., 1972; CHOUCHKOV, 1978) oder an seiner Längsseite ein. Ein perineuraler Zylinder eines Ruffinischen Körperchens wird meistens von einem markhaltigen Axon innerviert. In einigen Zylindern kann sich das markhaltige Axon in zwei markhaltige Äste verzweigen, die erst dann ihre Markscheide verlieren und typische Nerventerminalen bilden.

In Glans und Praeputium penis liegen die Ruffinischen Körperchen bei Menschen in der Tiefe der Dermis. Bei der Hausziege (Abb. 35) wurden Ruffinische Körperchen im straffen Bindegewebe der Glans penis gefunden (HALATA et al., 1988). Die Ruffinischen Körperchen des menschlichen Penis kommen in zwei unterschiedlichen Formen vor – Körperchen mit einer perineuralen Kapsel und Körperchen mit einer Kapsel, die lediglich aus Fibroblasten besteht (HALATA, 1988; HALATA und BONORDEN-KLEIJ, 1988). Die erste Form, mit einer einschichtigen perineuralen Kapsel, kommt in der tiefen Schicht des Stratum reticulare vor. Oft inserieren in der Nähe der Körperchen glatte Muskelzellen (HALATA und MUNGER, 1986). Die Ruffinischen Körperchen mit einer bindegewebigen Kapsel liegen häufiger im äußeren Blatt des Praeputium penis (HALATA, 1984). Die dreidimensionale Rekonstruktion der Ruffinischen Körperchen im Praeputium penis hat gezeigt, daß die Körperchen meistens von einem markhaltigen „parent axon" innerviert werden. Das Axon kann sich aber vor oder innerhalb des Körperchens mehrfach in weitere markhaltige Axone verzweigen (HALATA et al., 1986). Der Durchmesser der Axone im Körperchen beträgt ca. 4 µm.

Die bindegewebige Grundlage der Glans penis der Hausziege besteht aus einem straffen Bindegewebe, das dem einer Sehne ähnelt. Am Übergang zwischen dem straffen Bindegewebe und dem Stratum reticulare der Dermis werden Ruffinische Körperchen beobachtet (HALATA et al., 1988), die eine ähnliche Struktur wie Golgi-Sehnenorgane aufweisen. Sie bestehen aus mehreren Zylindern, die von perineuralen Zellen gebildet werden und parallel zu der Längsrichtung der kollagenen Fasern orientiert sind. Die afferenten Axone (meistens ein Axon pro Zylinder) sind markhaltig und haben einen Durchmesser von ca. 6 µm. Nach dem Verlust der Markscheide verzweigen sich die marklosen terminalen Axone mehrfach und bilden innerhalb des Zylinders ein buschartiges Sy-

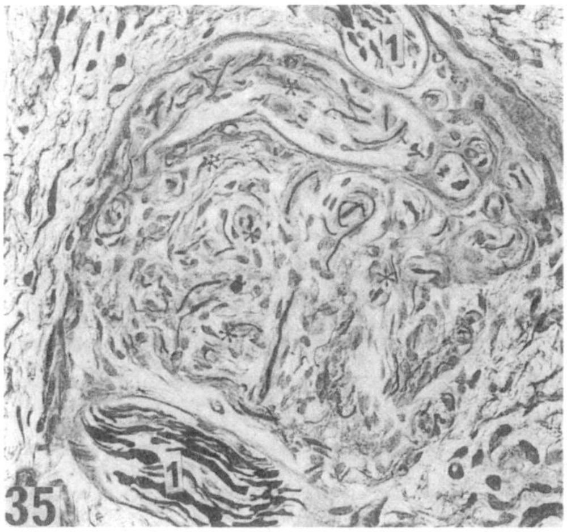

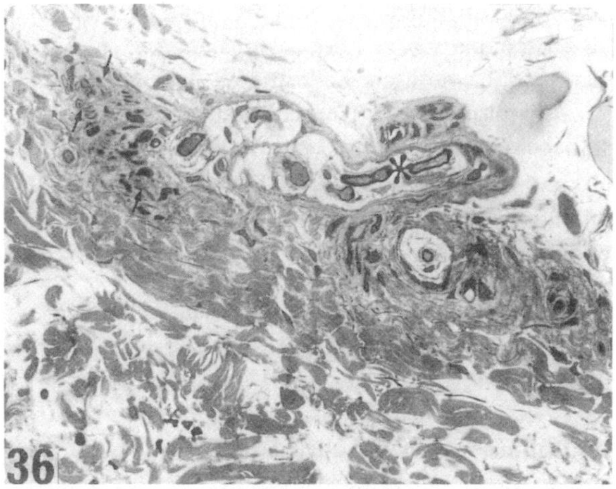

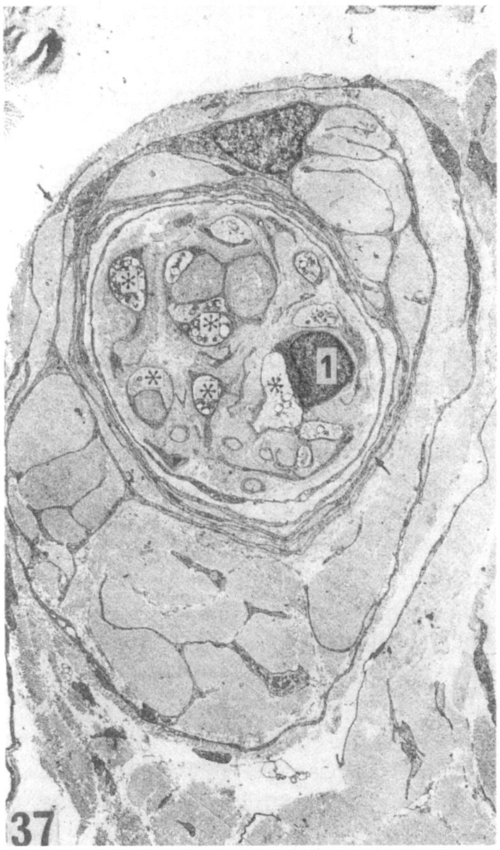

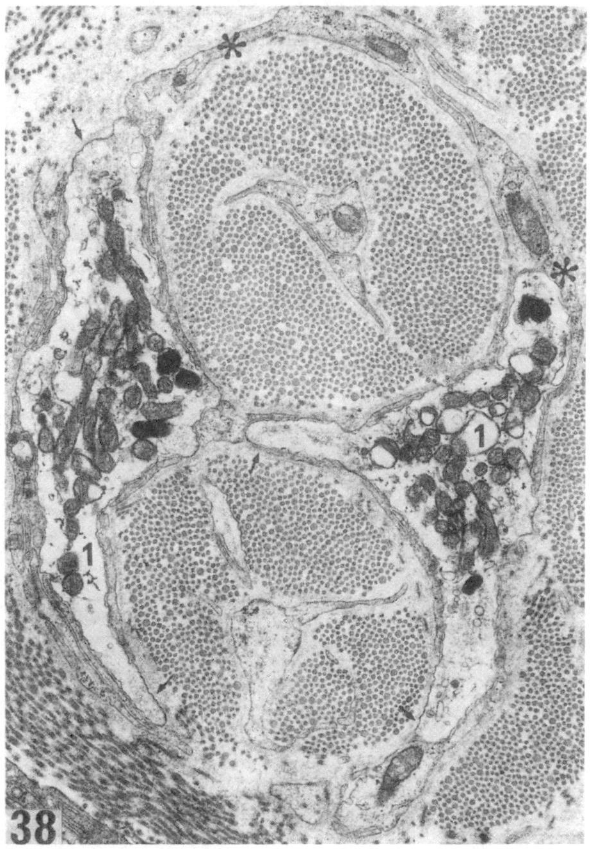

Abbildung 35: Ruffinisches Körperchen aus der Glans penis. 1 – Nervenfaszikel, * Nerventerminalen. Die Nerventerminalen sind spiralförmig zwischen Bündeln von kollagenen Fasern angeordnet. Hausziege (*Capra ibex* f. hircus); Versilberung, 170 X.

Abbildung 36: Ruffinisches Körperchen aus der Kniegelenkkapsel. Das afferente Axon ist markhaltig (*), die Nerventerminalen sind zwischen den Fasern des Kollagens eingebettet (Pfeile). Mensch (*Homo sapiens*); Semidünnschnitt, 235 X.

Abbildung 37: Querschnitt durch einen Zylinder eines Ruffinischen Körperchens. Der Zylinder ist von einer perineuralen Kapsel umhüllt (Pfeil). Zwischen den kollagenen Fibrillen liegen unterschiedlich dicke Nerventerminalen (*) und terminale Schwannsche Zellen (1). *Macaca mulatta*, Kniegelenkkapsel; EM Bild, 2000 X.

Abbildung 38: Stärkere Vergrößerung von Nerventerminalen eines Zylinders eines Ruffinischen Körperchens. Die Nerventerminalen (1) sind von einer dünnen Zytoplasmalamelle der terminalen Schwannschen Zelle (*) umhüllt. An einigen Stellen (Pfeile) sind dünnere Ausläufer der Nerventerminalen nur von einer Basallamina bedeckt. Hauskatze (*Felis silvestris* f. catus); Kniegelenkkapsel; EM Bild, 9700 X.

stem von Nerventerminalen. Einzelne Abschnitte des terminalen Axons können verdickt sein. Die terminale Schwannsche Zelle und die fingerförmigen Ausstülpungen der Nerventerminalen sind im Bindegewebe des Ruffinischen Zylinders verankert. An den kapselfreien Enden der Zylinder treten einige Nervenendigungen aus den Zylindern heraus.

9.2.2 Ruffinische Körperchen der behaarten Haut

Die Ruffinischen Körperchen der behaarten Haut wurden zuerst physiologisch und elektronenmikroskopisch in der Haut der Hauskatze untersucht (CHAMBERS et al., 1972). In der menschlichen Kopfhaut (HALATA und MUNGER, 1981 a) liegen sie in der Tiefe des Stratum reticulare. Sie haben eine ähnliche Struktur wie die Körperchen der unbehaarten Haut. Der Durchmesser des markhaltigen Axons beträgt 4–6 µm. Die Ruffinischen Körperchen der unbehaarten und behaarten Haut haben eine ähnliche Struktur wie die Golgi Sehnen-Organe (SCHOULZ and SWETT, 1972, 1976) und die Ruffinischen Körperchen der Gelenkkapseln der Hauskatze (HALATA, 1977), der Haustaube (HALATA und MUNGER, 1980 b), des Affen *Macaca mulatta* (HALATA et al., 1984) und die Ruffinischen Körperchen des Menschen (HALATA et al., 1985). Die Längsachsen der Zylinder der Körperchen sind parallel zur Verlaufsrichtung der Fasern des Kollagens der Dermis orientiert; in einigen Fällen kann ein Körperchen aus mehreren Zylindern gebildet werden, die mit ihren Längsachsen gegeneinander in verschiedenen Winkeln liegen (Abb. 39). Sie folgen damit den Verlaufsrichtungen der kollagenen Faserbündel des Stratum reticulare der Dermis.

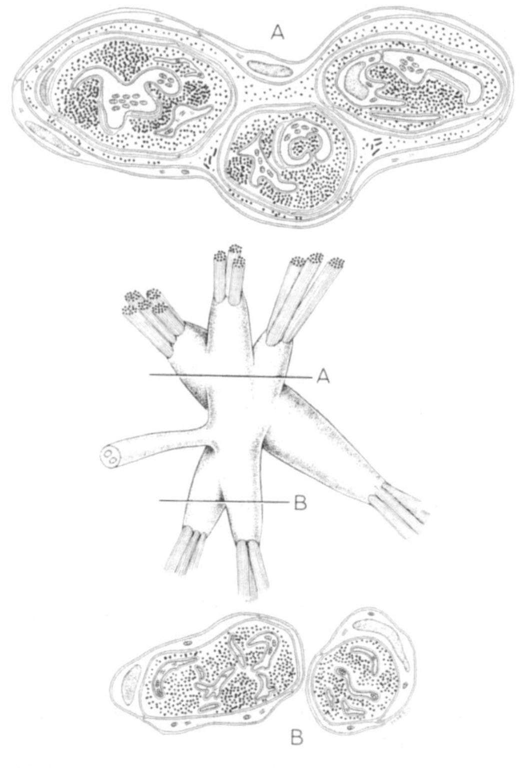

Abbildung 39: Halbschematische Darstellung eines Ruffinischen Körperchens aus der Gelenkkapsel. Das Körperchen besteht aus drei Zylindern, deren Längsachse parallel zur Richtung der kollagenen Fasern des Stratum fibrosum verläuft. Zwei afferente markhaltige Axone innervieren das Körperchen. A und B – Querschnitte durch die Zylinder. 1 – perineurale Kapsel, 2 – Nerventerminalen. Aus HALATA und MUNGER (1980 b).

Die Nerventerminalen sind verdickt. An einigen Stellen sind sie nur von einer Basallamina umhüllt. Oft schicken sie in das Bindegewebe des Zylinders fingerförmige Ausstülpungen (Spiculae).

9.2.3 Pilo-Ruffini-Komplexe

Die Pilo-Ruffini-Komplexe (Abb. 40–44) (BIEMESDERFER et al., 1978) wurden immer in Verbindung mit dem bindegewebigen Haarbalg einiger Haare (überwiegend von Konturhaaren, gelegentlich aber auch von Wollhaaren) beobachtet. Sie besitzen keine perineurale Kapsel. Das afferente Axon hat einen Durchmesser von ca. 4 µm und ist myelinisiert. Es läuft schraubenförmig unterhalb der Talgdrüse am Haarfollikel entlang. Nach dem Verlust der Markscheide verzweigen sich die nichtmyelinisierten Terminalen mehrfach und sind schließlich im bindegewebigen Haarbalg des Haarfollikels dicht unterhalb der Talgdrüse verankert (Abb. 44). Die Nerventerminalen haben eine ähnliche Struktur wie in anderen Ruffinischen Körperchen. Sie verlaufen zirkulär, senkrecht zur Längsachse des Haarfollikels (Abb. 41 und 42). In anderen Studien werden sie auch „circular lanceolate receptor axons“ genannt (ANDRES und v. DÜRING, 1973). Die physiologischen und morphologischen Untersuchungen von BIEMESDERFER et al. (1978) haben gezeigt, daß sie eine ähnliche Funktion wie Ruffinische Körperchen der behaarten Haut der Hauskatze (CHAMBERS et al., 1972) aufweisen und auf Biegung des Haarschaftes im Haarfollikel reagieren.

9.2.4 Ruffinische Körperchen der Sinushaare

In den Sinushaaren (Abb. 59) wurden die Ruffinischen Körperchen bisher nur bei Affen (*Macaca mulatta* und *Macaca fascicularis*) beschrieben (HALATA und MUNGER, 1980 c). Sie liegen im bindegewebigen Haarbalg des Sinushaares in der Höhe des Eintritts des Nervenfaszikels in den Blutsinus des Sinushaares. Das afferente Axon ist myelinisiert und hat einen Durchmesser von 3 µm. Nach dem Verlust der Markscheide verzweigt sich das Axon in mehrere Nerventerminalen. Die Nerventerminalen haben eine ähnliche Struktur wie bei anderen Ruffinischen Körperchen. Sie und ihre unterschiedlich langen, fingerförmigen Ausläufer sind in der Glashaut des Sinushaares verankert (Abb. 59). Das Ruffinische Körperchen bildet hier einen abgeflachten „Plaque" mit einem Durchmesser von ca. 50 µm und einer Dicke von ca. 20 µm. Ähnlich wie bei den Pilo-Ruffini-Komplexen (BIEMESDERFER et al., 1978) hat das Bindegewebe eine besondere Struktur. Die sehr dicht gepackten kollagenen Fibrillen sind von flachen Ausläufern der terminalen Schwannschen Zelle in Bündel unterteilt, die parallel zur Längsachse des Sinushaares verlaufen. Zwischen der Glashaut und dem bindegewebigen Bestandteil des Ruffinischen Körperchens liegen oft elastische Fasern (HALATA und MUNGER, 1980c). An einem Sinushaar wurden bis zu 12 solcher Ruffini-Körperchen gezählt. Ihre Funktion ist bisher nicht untersucht worden. Ihre Lage im distalen Drittel des Haarfollikels und ihre Ultrastruktur, die identisch mit der Ultrastruktur anderer Ruffinischer Körperchen ist, lassen vermuten, daß die Körperchen ähnlich wie bei den Konturhaaren auf eine Biegung des Haarschaftes reagieren.

9.2.5 Ruffinische Körperchen der Gelenkkapseln

Die Ruffinischen Körperchen in den Gelenkkapseln (Abb. 35–39) wurden lichtmikroskopisch ausführlich von POLACEK (1965, 1966) beschrieben. POLACEK nennt sie „spray-like endings" und unterscheidet fünf verschiedene Typen. Als Kriterien für diese Einteilung gelten die Größe und das Vorhandensein oder Fehlen der Kapsel. In elektronenmikroskopischen Untersuchungen der Gelenkkapseln verschiedener Mammalier (Hauskaninchen – GOGLIA und SKLENSKA, 1969; Hauskatze – HALATA, 1977; *Macaca mulatta* und *Macaca fascicularis* – HALATA et al., 1984; Mensch – HALATA et al., 1985; Marsupialier – *Dasyuroides byrnei* und *Didelphis virginiana* – HALATA et al., 1986; STRASSMANN et al., 1987a) und der Taube – *Columba livia* f. domestica L. (HALATA und MUNGER, 1980b) wurde diese Aufteilung vereinfacht.

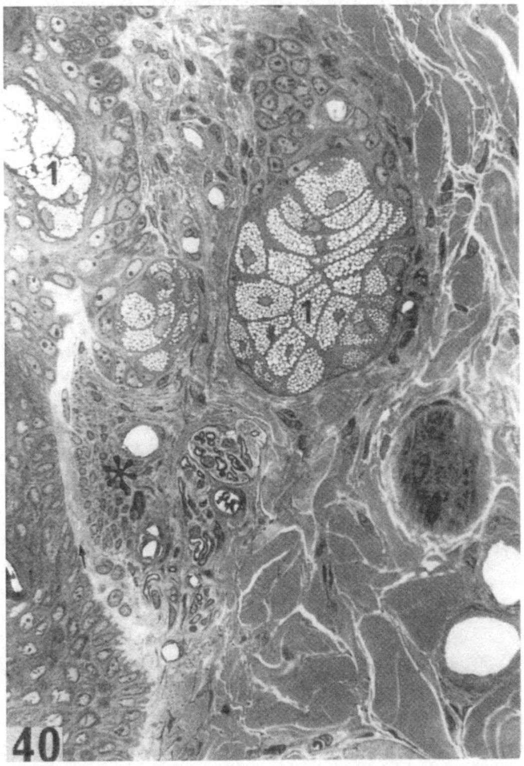

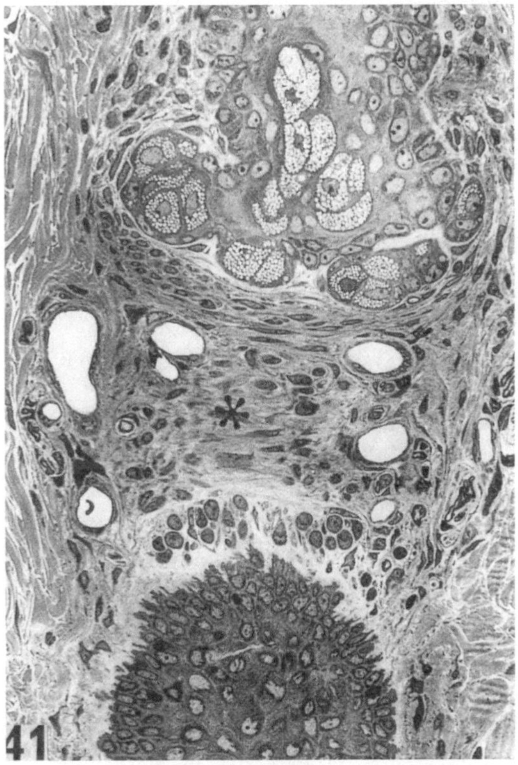

Abbildung 40 und 41: Längsschnitte durch ein Wimpernhaar. Es handelt sich um zwei Bilder aus einer Schnittserie. In der Abbildung 40 kann man die Einmündung der Talgdrüse (1) in den Haartrichter beobachten. Unterhalb der Talgdrüse verlaufen im Bindegewebe der Kapsel des Follikels zwei Typen von Nervenendigungen – (Pfeil) lanzettförmige Nervenendigungen dicht am Folikelepithel und (*) Pilo-Ruffini Komplexe (BIEMESDERFER et al., 1978). Die Abbildung 41 zeigt den Verlauf der Nerventerminalen im Pilo-Ruffini Komplex (*). Oberes Augenlid, *Macaca mulatta*; Semidünnschnitt, 200 X

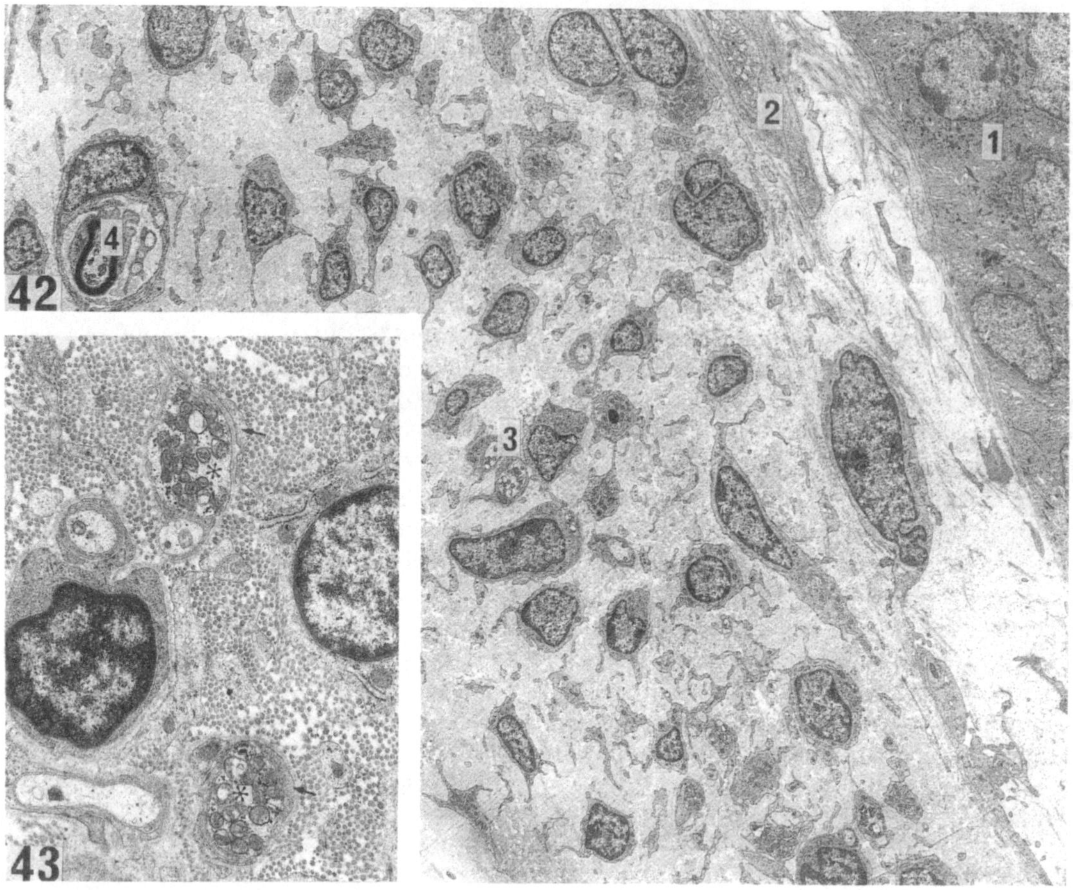

Abbildung 42: Längsschnitt durch ein Wimpernhaar. 1 – Haarfollikel, 2 – lanzettförmige Nervenendigung, 3 – Nerventerminalen des Pilo-Ruffini Komplexes, 4 – markhaltige Nervenfaser. Oberes Augenlid, *Macaca mulatta*; EM Bild, 1750 X.

Abbildung 43: Längsschnitt durch ein Wimpernhaar. Detail aus der Abbildung 42. Die kollagenen Fibrillen verlaufen zirkulär konzentrisch um den Haarfollikel herum. Zwischen den Fibrillen liegen Nerventerminalen (*), die zum Teil von zytoplasmatischen Lamellen der terminalen Schwannschen Zelle (Pfeile) umgeben sind. Oberes Augenlid, *Macaca mulatta*; EM Bild, 8300 X.

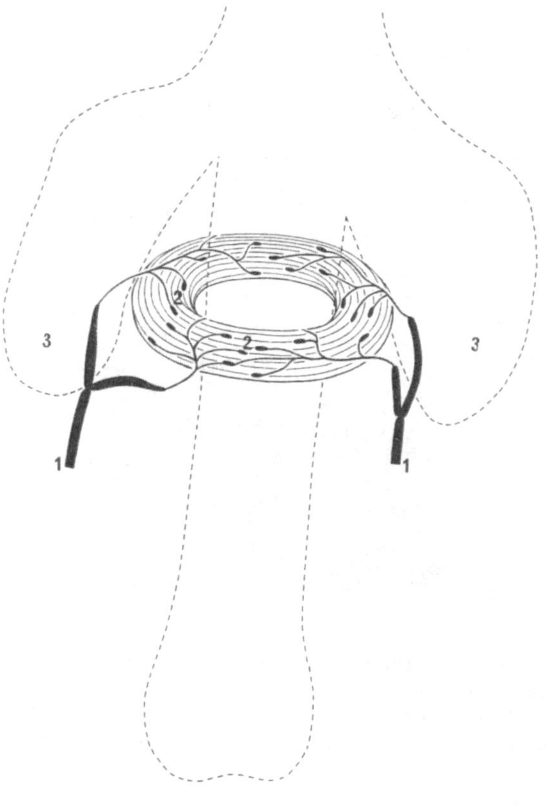

Abbildung 44: Schematische Darstellung der Nerventerminalen im Pilo-Ruffini Komplex. Markhaltige Axone (1) verzweigen sich nach dem Verlust der Markscheide in mehrere Äste (2), die Verdickungen aufweisen. Die Nerventerminalen befinden sich in einem Kranz kollagener Fasern, der ein Bestandteil der Bindegewebskapsel des Haarfollikels ist und unterhalb der Talgdrüse (3) liegt. Aus Halata und Munger (1981 b).

Es lassen sich prinzipiell drei Typen der Ruffinischen Körperchen unterscheiden – Körperchen ohne Kapsel, solche mit einer bindegewebigen Kapsel mit Anteilen von perineuralen Zellen und schließlich Ruffinische Körperchen von einem Golgi-Sehnenorgan-Typ (Abb. 36 und 37).

Alle drei Typen der Körperchen kommen im Stratum fibrosum vor. Die Anteile des Stratum fibrosum, die durch Bänder verstärkt sind oder eine ähnliche Anordnung der kollagenen Fasern wie Bänder oder Muskelsehnen aufweisen, besitzen Ruffinische Körperchen, die an Golgi-Sehnenorgane erinnern. Körperchen mit einer bindegewebigen Kapsel und Körperchen ohne Kapsel kommen sowohl auf der Oberfläche als auch in der Tiefe des Stratum fibrosum vor.

In der Nähe der Ruffinischen Körperchen befinden sich Blutgefäße. In den Pilo-Ruffini-Komplexen (BIEMESDERFER et al., 1978) verlaufen sie regelmäßig in einer Schraubenlinie um die Komplexe herum und schirmen sie gegen das Bindegewebe des Stratum reticulare der Dermis ab. Bei den eingekapselten Ruffinischen Körperchen der Schweineschnauze können die Kapillaren zwischen den einzelnen Zylindern verlaufen (HALATA et al., 1986). Eine ähnliche Lage haben sie auch bei den eingekapselten Ruffinischen Körperchen in den Gelenkkapseln des Menschen (HALATA et al., 1985).

9.3 Entwicklung

Eine lichtmikroskopische Untersuchung über die Entwicklung der Ruffinischen Körperchen wurde 1934 von LAMBERTINI und RUFFINI durchgeführt. Danach sollen die Ruffinischen Körperchen in der menschlichen Haut bereits ab Ende des 6. fetalen Monats zu erkennen sein, und ihre afferenten Axone sollen am Anfang des 7. fetalen Monats eine Markscheide bekommen. Die publizierten Bilder geben aber keine präzisen Informationen über die Endigungsform, und da eine endgültige Diagnose des Ruffinischen Körperchens nur mit Hilfe der Elektronenmikroskopie möglich ist, bleibt es sehr zweifelhaft, ob die Autoren überhaupt Endformationen der Nerven beobachtet haben. Eine elektronenmikroskopische Untersuchung fehlt jedoch bisher. Eigene, noch nicht veröffentlichte Untersuchungen über die Entwicklung der Innervation in der Kniegelenkkapsel der Ratte zeigen jedoch, daß die Ruffinischen Körperchen bei der Ratte erst ab dem dritten postnatalen Tag im Stratum fibrosum der Gelenkkapsel zu erkennen sind.

9.4 Funktion

Die Ruffinischen Körperchen sind typische Dehnungsrezeptoren. Sie befinden sich im Bewegungsapparat und auch im Bindegewebe der Haut. Die Nerventerminalen passen sich an die Struktur des Bindegewebes an. Größere Ansammlungen von Nerventerminalen werden oft von einer Kapsel, die aus Fibroblasten oder aus perineuralen Zellen besteht, umhüllt. Bei Ruffinischen Körperchen, die eine Verbindung zum Haarfollikel aufweisen, fehlt eine Kapsel grundsätzlich.

Alle Ruffinischen Körperchen haben die Funktion eines langsam adaptierenden Dehnungsrezeptors (BOYD und ROBERTS, 1953; BOYD, 1954; EKLUND und SKOGLUND, 1960; SKOGLUND, 1956, 1973; FREEMAN and WYKE, 1967; BURGESS und CLARK, 1969; WYKE, 1973; CHAMBERS et al., 1972; IGGO und GOTTSCHALDT, 1974; BIEMESDERFER et al., 1978; MCCLOSKEY, 1978; VALLBO et al., 1979; GRIGG und HOFFMANN, 1982, 1984; SOMJEN, 1983). Die afferenten Axone haben ähnliche Durchmesser von etwa 4–6 μm. Die Kapsel hat offensichtlich nur die rein mechanische Funktion einer Abschirmung des Körperchens von der Umgebung. Es ist sehr wahrscheinlich, daß es bei einem Umbau des Bindegewebes (Verletzungen, Veränderung der Stellung der Gelenke, Narben, Alterungsprozesse) auch zu einem Umbau des Ruffinischen Körperchens und damit zu einer Anpassung an die neue Textur der kollagenen Fasern kommt.

10. Golgi-Sehnenorgan

Das Golgi-Sehnenorgan (GSO) gehört zur Gruppe eingekapselter Rezeptoren des Bewegungsapparates. Seit der Erstbeschreibung (GOLGI, 1880) wurde es bei zahlreichen Tierspezies (CATTANEO, 1888; KERSCHNER, 1888 a und b; PANZINI, 1889; CIACCIO, 1891; RUFFINI, 1893 a, b; HUBER und DE WITT, 1900) lichtmikroskopisch beschrieben. Die Bezeichnung Golgi-Sehnenspindel wurde zuerst von KÖLLIKER (1896) benutzt. In dem angelsächsischen Schrifttum wird daneben die Bezeichnung „neurotendinous spindle of Golgi" (HUBER und DE WITT, 1900; STILLWELL JR., 1957 a, b), „Golgi tendon organ" (SCHOULTZ und SWETT, 1972, 1976), „tendon spindle", „Golgi organ" oder „neuro-tendinous end-organ" (BARKER, 1974) verwandt.

Seit den 30-er Jahren wurde die Verteilung der GSO in verschiedenen Muskeln und bei verschiedenen Säugern, vornehmlich bei der Hauskatze und beim Menschen (TSCHURAJEV, 1927; HINSEY, 1934; HAGBARTH und WOHLFART, 1952; TIEGS, 1953; SWETT und ELDRED, 1960 a, b; WOHLFART und HENRIKSSON, 1960; BRIDGEMANN, 1968), bei Affen (DEVANANDAN et al., 1983) und der Laborratte (BARKER, 1974; SOUKUP, 1983) untersucht. Die elektronenmikroskopischen Studien von (MERRILEES, 1962; SCHOULTZ und SWEET, 1972, 1976; SKLENSKA, 1973; ZELENA und SOUKUP, 1977 und STRASMANN et al., 1990) beschreiben detailliert die Ultrastruktur des GSO und das Verhältnis der Axonterminalen zu den kollagenen Fibrillen der Sehne und der Bänder.

10.1 Vorkommen

Die Golgi-Sehnenorgane kommen fast ausschließlich (94 %) an den Verbindungsstellen zwischen Muskulatur und Sehne vor. Die restlichen 6 % wurden in den Hauptsehnen beobachtet (BARKER, 1974). Sie wurden bisher in allen untersuchten Sehnen, sogar im Centrum tendineum des Zwerchfells und in den Intersectiones tendineae des M. rectus abdominis beschrieben (STÖHR JR., 1928). Den Golgi-Organen ähnliche Körperchen wurden in den Kreuzbändern des menschlichen Kniegelenkes als Golgi-Organe (SCHULTZ et al., 1984) beziehungsweise als Ruffini-Körperchen (SCHUTTE et al., 1984; ZIMNY et al., 1986) beschrieben. In der hier zugrunde liegenden Einteilung der Rezeptoren gehören aber zu den GSO ausschließlich die Körperchen in den Muskelsehnen und Aponeurosen. Die korpuskulären Nervenendigungen des Bandapparates werden in der Literatur (GARDNER, 1950; POLACEK, 1966) als Ruffinische Körperchen beschrieben und sind daher im Kapitel 9 bereits aufgeführt.

Die Anzahl der GSO ist von der Spezies und vom Muskelindividuum abhängig. So wurden in den langsamen Muskeln, wie zum Beispiel dem M. soleus, vergleichsweise mehr Golgi-Sehnenorgane gefunden als in schnellen Muskeln, wie beispielsweise in dem M. flexor digitorum brevis oder in dem M. gastrocnemius (ELDRED et al., 1962; ZELENA und HNIK, 1963).

10.2 Struktur

Die GSO sind spindelförmige Körperchen (Abb. 45 und 47). Die Größe der Körperchen ist speziesabhängig. Die maximale Länge beim Menschen kann 1600 µm, der maximale Durchmesser 120 µm betragen (BRIDGMAN, 1970), bei der Laborratte 580/52 µm (SOUKUP, 1983; ZELENA und SOUKUP, 1983) und 500/100 µm bei der Hauskatze (BARKER, 1974). Die Körperchen sind sowohl am muskulären als auch an dem der Sehne zugewandten Ende zugespitzt, wobei das muskuläre Ende um etwa 25 % dicker ist als das sehnige Ende (BRIDGEMAN, 1968, 1970). Die überwiegende Anzahl (63 %) der GSO ist einfach spindelförmig, der Rest weist eine Verzweigung des muskulären oder des sehnigen Endes in zwei oder drei Zipfel auf (BARKER, 1974; SOUKUP, 1983). Das muskuläre Ende enthält eine unterschiedliche Anzahl von Muskelfasern (3–25), die in das Körperchen oder in seine Kapsel einstrahlen (REGAUD, 1907; BRIDGMAN, 1970; BARKER, 1974).

Seit CATTANEO (1888) und RUFFINI (1893 b) ist bekannt, daß innerhalb der GSO kleine Pacinische Körperchen vorkommen. Bei der Hauskatze findet man in 7–15 % und bei der Ratte in 5–10 % der GSO 1–5 kleine Pacinische Körperchen. Sie liegen meistens innerhalb der Kapsel des Körperchens, es wurden aber auch Pacinische Körperchen auf der Kapsel der GSO (BARKER, 1974) beschrieben. Neben den Pacinischen Körperchen enthalten ca. 6 % der GSO auch freie Nervenendigungen (STACEY, 1967).

Die GSO bestehen aus mehreren afferenten Axonen und ihren terminalen Verzweigungen, aus den

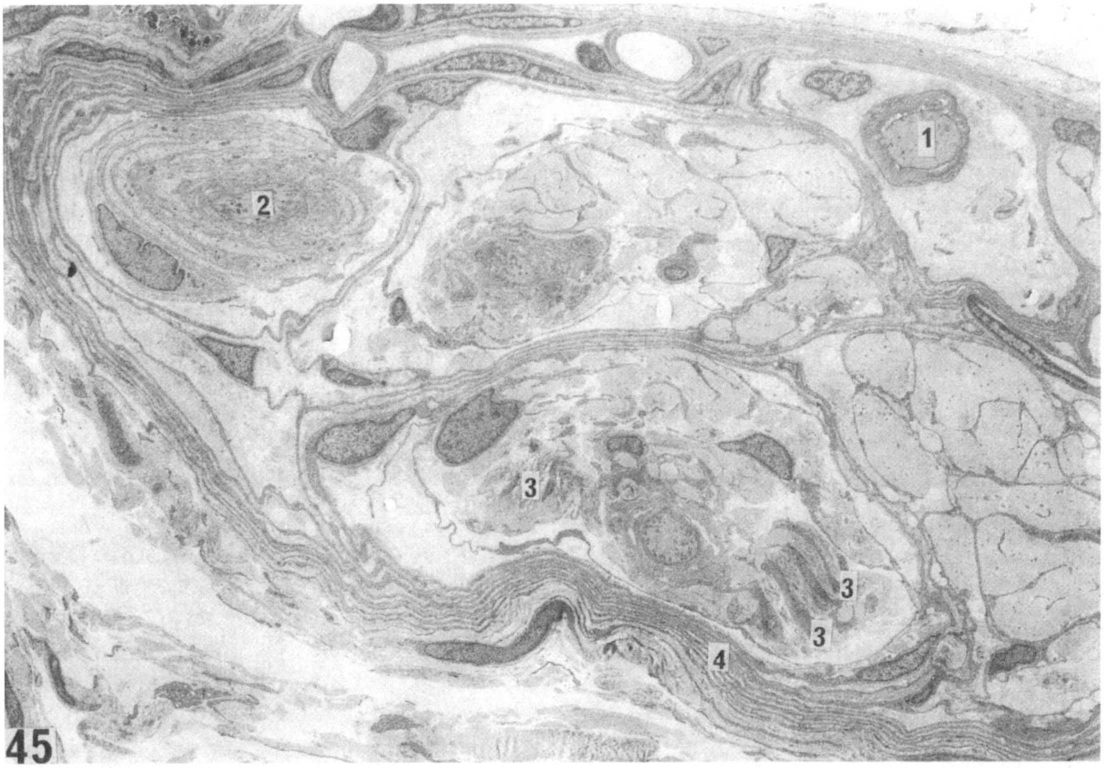

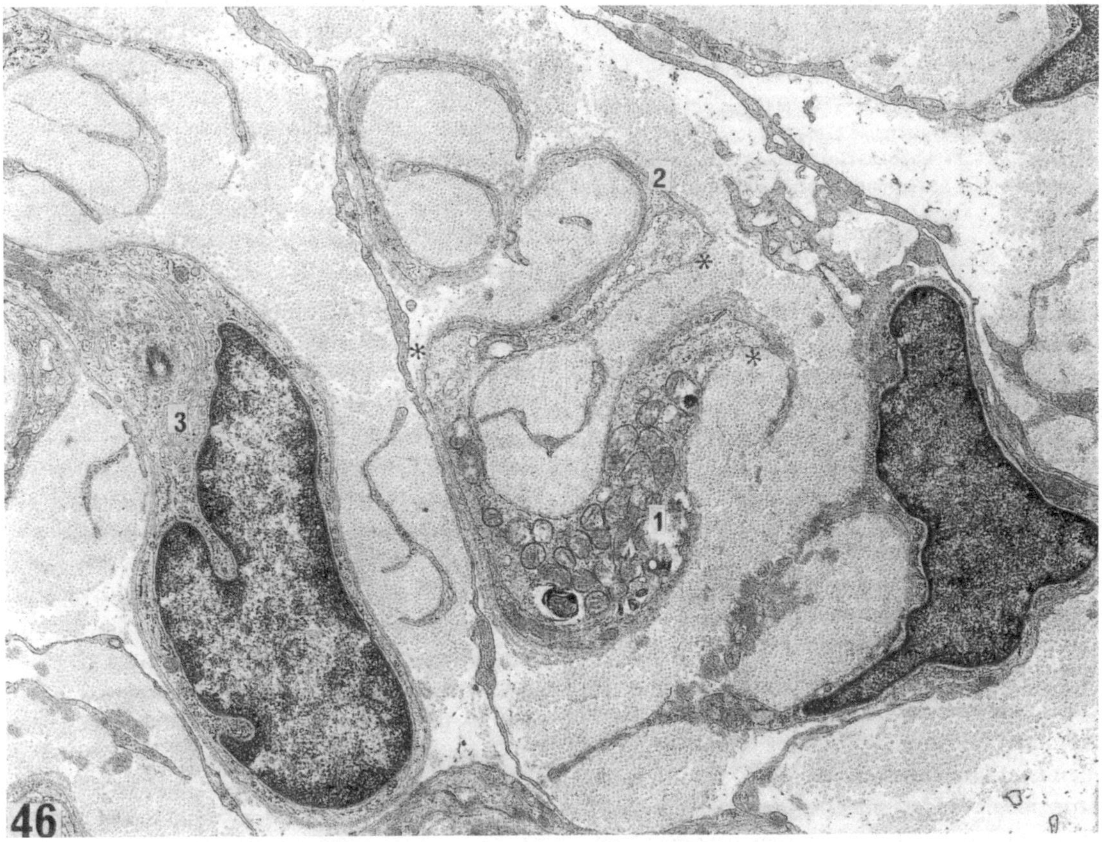

Abbildung 45: Golgi Sehnenorgan im Querschnitt. 1 – markhaltiges Axon, 2 – kleines Lamellenkörperchen, 3 – Axonterminalen, 4 – perineurale Kapsel. Kowari (*Dasyuroides byrnei*), Kniegelenkkapsel; EM Bild, 1250 X.

Abbildung 46: Golgi Sehnenorgan im Querschnitt. Detail aus Abbildung 45. Das Nerventerminale (1) ist von einer dünnen Zytoplasmalamelle (2) der Schwannschen Zelle (3) umhüllt. An einigen Stellen (*) sind dünnere Ausläufer der Nerventerminalen nur von einer Basallamina bedeckt. Kowari (*Dasyuroides byrnei*), Kniegelenkkapsel; EM Bild, 9400 X.

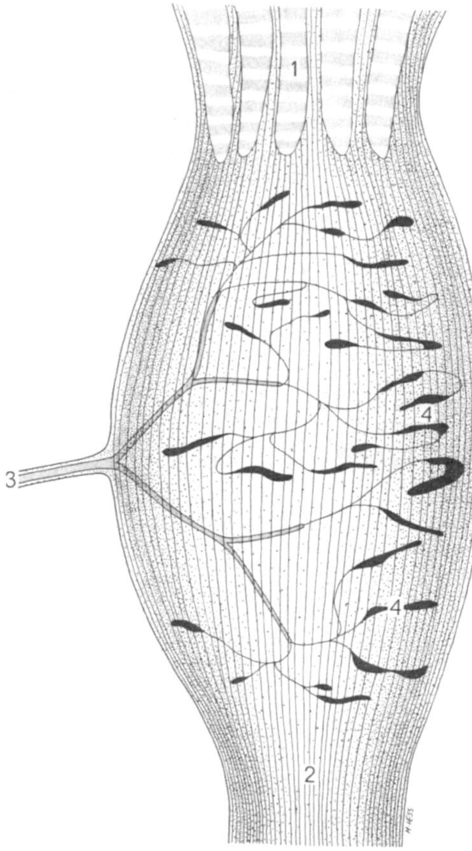

Abbildung 47: Schematische Darstellung eines Golgi-Sehnenorgans. 1 – quergestreifte Muskulatur, 2 – Bindegewebe der Sehne, 3 – markhaltige Nervenfasern mit perineuraler Scheide, 4 – Nerventerminalen innerhalb eines Golgi Sehnenorgans.

terminalen Schwannschen Zellen, die auch als lamelläre Zellen bezeichnet werden, und aus einer perineuralen Kapsel. Die Beschreibung der Körperchen basiert auf ihrer elektronenmikroskopischen Beschreibung von MERILLEES (1962), SCHOULTZ und SWETT (1972, 1976), SKLENSKA (1973) und STRASMANN et al. (1987).

Die afferenten Axone sind myelinisiert und erreichen die Körperchen an der Längsseite. An der Durchtrittsstelle geht das Perineurium des Nerven in die Kapsel des Körperchens über (SKLENSKA, 1973). BRIDGMAN (1968) hat in den GSO zwei Klassen von Nervenfasern beschrieben: Axone mit einem Durchmesser von 5–7 µm und Axone mit einem Durchmesser von 12–15 µm. In einem Körperchen werden immer mehr als drei markhaltige Axone beobachtet. Nach den Angaben von SKLENSKA (1973) werden die GSO in den Mm. lumbricales der Hauskatze von bis zu 6 markhaltigen Axonen innerviert.

Nach dem Eintritt in das Körperchen können sich die Axone verzweigen (Abb. 47). Sie verlieren ihre Markscheide. Die marklosen terminalen Abschnitte verlaufen zwischen Bündeln von kollagenen Fibrillen, verzweigen sich mehrfach, und die einzelnen Verzweigungen weisen Verdickungen auf, die zwischen den kollagenen Fibrillen verankert sind (Abb. 46). Die terminalen Abschnitte enthalten, ähnlich wie bei den Ruffinischen Körperchen, Ansammlungen von Mitochondrien, Vesikeln und alle anderen typischen Merkmale eines Nerventerminale. Längere dünne Fortsätze der Terminalen stülpen sich zwischen die kollagenen Fibrillen vor. Die Nerventerminalen sind von terminalen Schwannschen Zellen umhüllt. An einigen Stellen sind sie nur von einer Basallamina bedeckt (Abb. 46). Um die Ausstülpungen der Nerventerminalen herum ist die Basallamina besonders dünn.

Die markhaltigen Axone der Pacinischen Körperchen, die mit einem GSO assoziiert sind, haben einen geringeren Durchmesser (3–5µm). Die Axone, die als freie Nervenendigung in einem GSO enden, sind entweder kleinkalibrige A-delta oder marktlose C-Fasern.

Die terminale Schwannsche Zelle bildet, ähnlich wie bei den Ruffinischen Körperchen, dünne, flache zytoplasmatische Lamellen (Abb. 46), die zum Teil die Nerventerminalen umgeben, zum Teil zwischen den Bündeln der kollagenen Fasern verankert sind. Die zytoplasmatische Membran weist pinozytotische Vesikel auf.

Die Kapsel besteht aus mehreren Schichten flacher Zellen, die die gleiche Struktur wie das Perineurium der Nervenfaszikel aufweisen. Die Zellen sind flach und innerhalb einer Schicht mit Hilfe von desmosom-ähnlichen Maculae adherentes miteinander verbunden. Die Zellmembran weist mikropinozytotische Vesikel auf und ist an den Außenflächen von einer Basallamina bedeckt. In den Spalten zwischen den Schichten perineuraler Zellen verlaufen dünne kollagene Fibrillen, überwiegend in der Längsachse des Körperchens. An den zugespitzten Enden laufen die Bündel kollagener Fasern und zum Teil auch Ausläufer quergestreifter Muskelfasern in des Körperchen hinein und aus dem Körperchen heraus. Die Kapselzellen unterteilen das Körperchen in mehrere längsorientierte Kammern. Jedoch dienen einige der Kammern lediglich als Verankerung und enthalten nur kollagene Bindegewebsfasern und keine Nerventerminalen. Die Mehrzahl der Kammern besitzt in ihrem mittleren Bereich Nerventerminalen. Neben den Kapselzellen und terminalen Schwannschen Zellen kann man innerhalb des Bindegewebsraums des Körperchens Fibroblasten und Blutgefäße beobachten. Die Fibroblasten, die auch als „septal cells" (SCHOULTZ und SWETT, 1972) beschrieben worden sind, unterteilen als flache Zellen ohne Basallamina den Innenraum der verschiedenen Kammern. Sie ähneln den „inner capsule cells" (OVALE und DOW, 1983) der Muskelspindeln, weisen jedoch keine Gap- oder Tight-Junctions auf. Die Blutgefäße (kleine Arteriolen, Kapillaren und postkapilläre Gefäße) erreichen das Körperchen zusammen mit den afferenten Axonen. SCHOULTZ und SWETT (1972) berichten, daß der venöse Abfluß auf der gegenüberliegenden Längsseite oder sogar in die Nähe einer der Pole verschoben sein kann.

10.3 Entwicklung

Die Entwicklung der GSO wurde bei der Laborratte studiert (SOUKUP und ZELENA, 1977; ZELENA und SOUKUP, 1977; SOUKUP, 1983). Nach diesen Studien ist die Anzahl der GSO bei der Ratte ab dem 3. postnatalen Tag konstant. Nach dem 3. postnatalen Tag verändern sich lediglich die Größe der Körperchen (sie werden länger und breiter) und ihre Form (das der Sehne zugewandte oder das muskelnahe Ende oder beide gleichzeitig können sich verzweigen).

10.4 Funktion

Die Funktion des GSO wurde von mehreren Forschergruppen (siehe MATTHEWS, 1972; BARKER, 1974; HUNT, 1974; PROSKE, 1979) untersucht. Ähnlich wie das Ruffinische Körperchen gehört das GSO zu den langsam adaptierenden Mechanorezeptoren (IGGO und GOTTSCHALDT, 1974). Im Gegensatz zu den Muskelspindeln, die überwiegend auf die Dehnung der Muskelfasern reagieren, weist das GSO höhere Empfindlichkeit für die Kontraktion des Muskels und damit für die Dehnung seiner Sehne oder Aponeurose auf. Die topographische Anordnung und die Anzahl der GSO spielt dabei eine große Rolle. Ein GSO reagiert auf die Kontraktion einer oder nur weniger benachbarter motorischer Muskelfasereinheiten (HOUK und HENNEMAN, 1967; HOUK et al. 1980; PROSKE und GREGORY, 1980). Die Anzahl der Propriorezeptoren in der Muskulatur ist von Muskel zu Muskel unterschiedlich (SOUKUP, 1983). Die propriozeptiven Zentren können die Muskelperipherie „erkennen" und die Position kodieren. Diese Information wird als Grundlage für die Steuerung der Motorik benutzt (STUART et al., 1972; SOUKUP, 1983; ZELENA und SOUKUP, 1983).

11. Muskelspindel
(Fusus neuromuscularis)

Muskelspindeln gehören, ähnlich wie Golgi-Sehnenorgane, zur Gruppe eingekapselter Mechanorezeptoren des Bewegungsapparates. Sie wurden zunächst als verschiedene Reifungsstadien der Muskulatur – „Muskelknospen" (WEISMANN, 1861; KÖLLIKER, 1862) betrachtet. Die Bezeichnung „Muskelspindel" wurde von KÜHNE (1864) eingeführt. Durch die Ähnlichkeit der Form der Muskelspindel mit der der Golgi-Sehnenorgane vermuteten KERSCHNER (1888, 1892, 1893) und RUFFINI (1893a, b), daß die Muskelspindeln die Funktion eines Mechanorezeptors in der Muskulatur haben. SHERRINGTON (1894) hat die sensible Funktion der Muskelspindel demonstriert und führte einige auch heute gebräuchliche Begriffe wie z. B. Polarregion und Äquatorialregion ein.

Die Erkenntnis, daß Muskelspindeln sensibel, motorisch und vegetativ innerviert werden, wurde in Studien von HINSEY (1927, 1934) und LEKSELL (1945) beschrieben. Eine Übersicht aller Studien über die Muskelspindel bis 1965 findet man in der Arbeit von ELDRED et al. (1967). Neuere physiologische und morphologische Methoden haben eine sorgfältige und ausführliche Erforschung der Muskelspindeln bei Säugetieren, Reptilien und Vögeln ermöglicht (BARKER, 1974).

11.1 Vorkommen

In der Regel haben alle quergestreiften Skelettmuskeln Muskelspindeln. In einigen Muskeln wurden sie erst relativ spät beschrieben, z. B. im M. pterygoideus lateralis des Menschen durch HONEE (1966) und GILL (1971). Bei den mimischen Muskeln gibt es Ausnahmen. Oft sind in

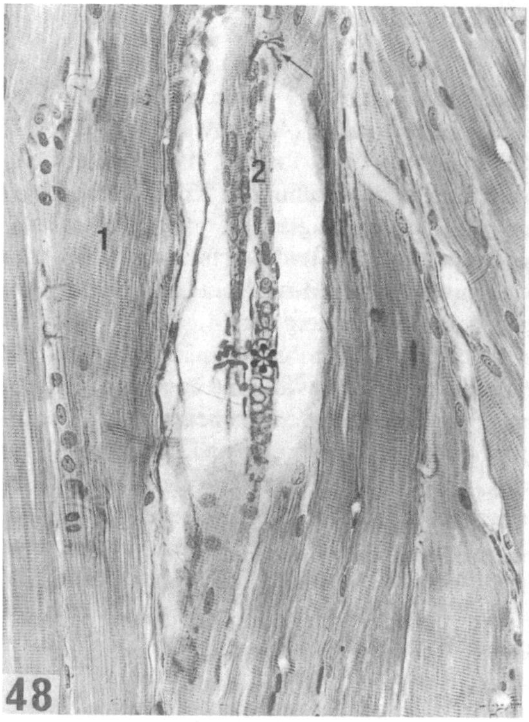

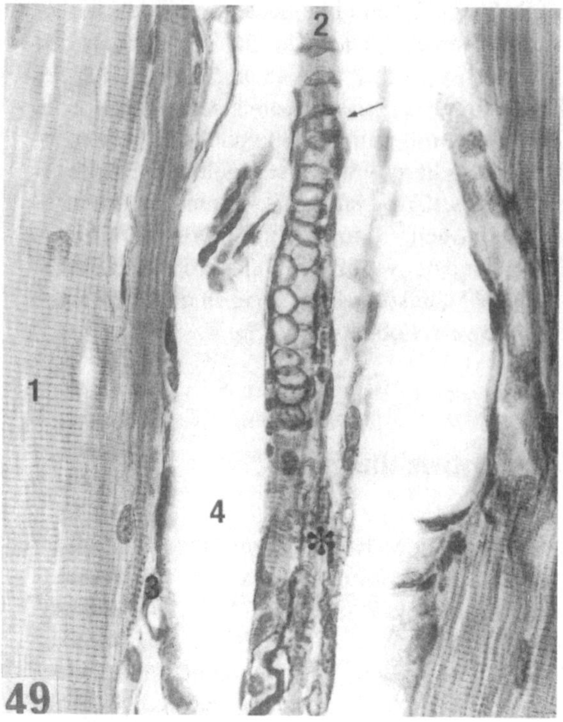

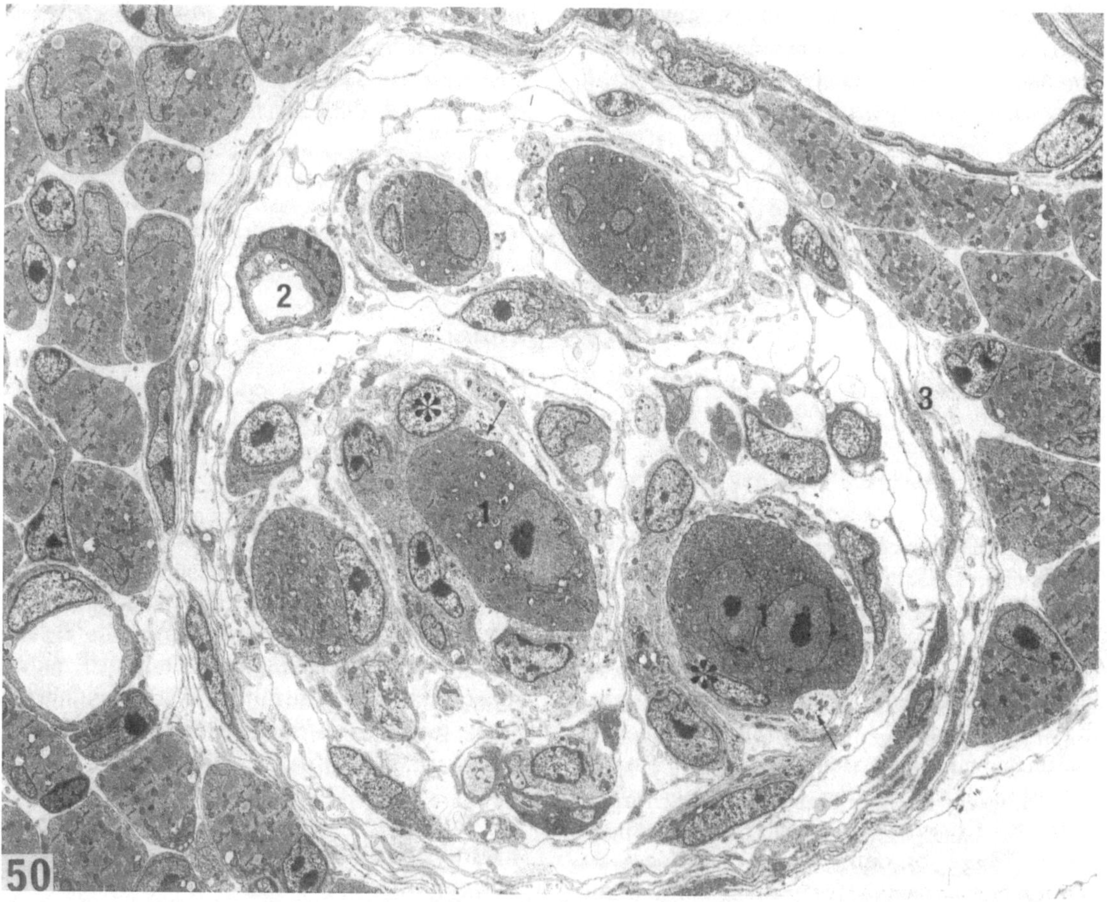

Abbildung 48: Muskelspindel in einem Längsschnitt. 1 – Muskelfasern des M. supinator, 2 – intrafusale Muskelfasern mit primären (*) und sekundären (Pfeil) Nervenendigungen, *Monodelphis domestica*, Ellenbogengelenk; Versilberung, 170 X.

Abbildung 49: Muskelspindel in einem Längsschnitt. Detailausschnitt aus der Abbildung 48. 1 – Quergestreifte Muskelfasern des M. supinator, 2 – intrafusale Muskelfaser mit primären (*) und sekundären (Pfeil) Nervenendigungen, 3 – perineurale Kapsel, 4 – Subkapsularraum. *Monodelphis domestica*, Ellenbogengelenk; Versilberung, 400 X.

Abbildung 50: Muskelspindel in einem Querschnitt. 1 – intrafusale Muskelfasern mit Satellitenzellen (*) und Nervenendigungen (Pfeile), 2 – Kapillare, 3 – perineurale Kapsel. *Monodelphis domestica*, Ellenbogengelenk; EM, 2 500 X.

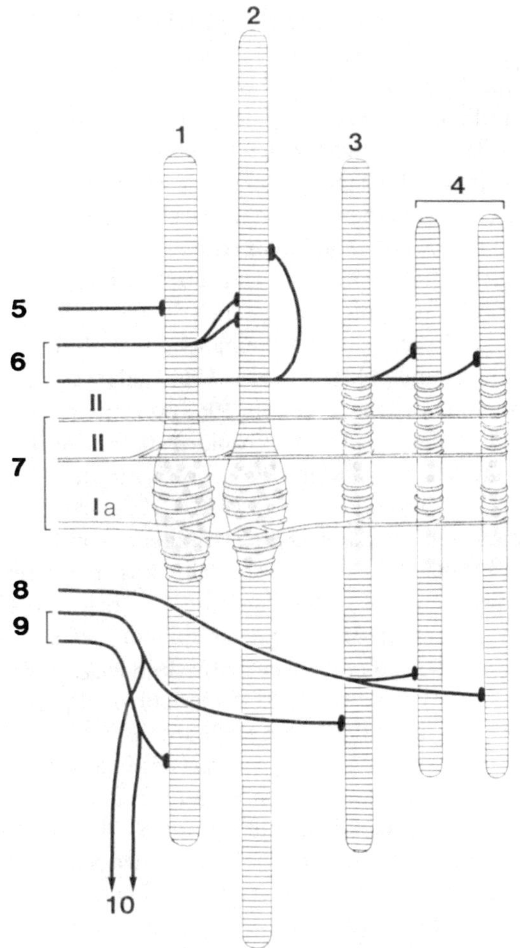

Abbildung 51: Muskelspindel – afferente und efferente Axone – Schematische Darstellung, bearbeitet nach Gray's Anatomy. 1 – statische Kernsackfaser, 2 – dynamische Kernsackfaser, 3 – lange Kernkettenfaser, 4 – kurze Kernkettenfasern, 5 – dynamische-efferente Nervenfaser, 6 – statische-efferente Nervenfasern, 7 – afferente Nervenfasern, 8 – statische β-efferente Nervenfasern, 9 – dynamische β-efferente Nervenfasern, 10 – Kollateralen für extrafusale Muskelfasern (in Anlehnung an „Gray's Anatomy" 35th Edition, Longman 1973).

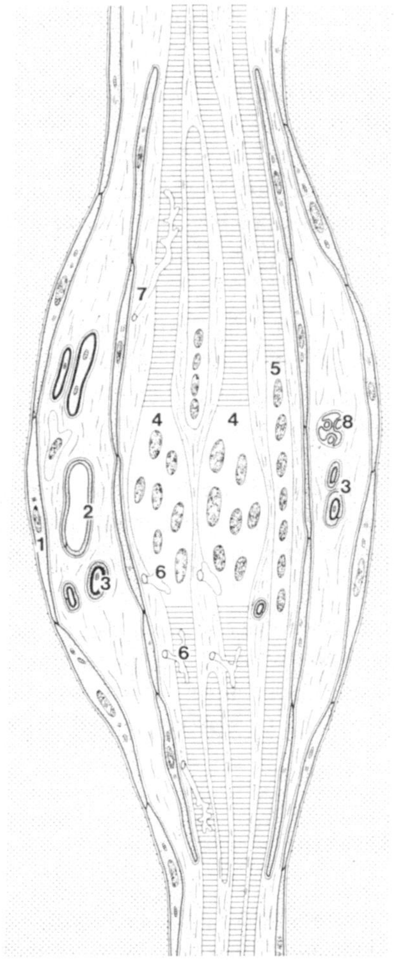

Abbildung 52: Muskelspindel in einem Längsschnitt – Halbschematische Darstellung. 1 – perineurale Kapsel, 2 – Kapillare, 3 – myelinisierte Nervenfasern, 4 – Kernsackfaser, 5 – Kernkettenfaser, 6 – sensible Nervenendigungen, 7 – motorische Nervenendigungen, 8 – marklose Axone.

einigen Spezies, wie z. B. beim Hauskaninchen, die Muskelspindeln in allen mimischen Muskeln vorhanden, fehlen aber bei anderen Spezies, wie z. B. bei der Hauskatze oder der Laborratte im M. quadratus labii superioris (BOWDEN und MAHRAN, 1956; BARKER, 1974). In der äußeren Augenmuskulatur (Mm. bulbi oculi) sind die Muskeln durch einen besonderen Typ von Muskelrezeptoren, den sogenannten „sensory muscle spindles" (WOLTER, 1955), „atypical muscle spindles" oder „simple neuromuscular spindles" (SAS und APPELTAUER, 1963) ausgezeichnet. Diese enden an extrafusalen Muskelfasern und besitzen keine perineurale Kapsel.

Die Anzahl der Muskelspindeln ist vom Muskeltyp, seiner Struktur und seiner Funktion abhängig. Speziesunterschiede in der Innervation von gleichnamigen Muskeln sind zu berücksichtigen (BARKER, 1974). Grundsätzlich kommen Muskelspindeln in Muskeln und Muskelanteilen mit sogenannter „Haltefunktion" häufiger vor als in Muskelanteilen mit „Bewegungsfunktion" (ARENDT und ASMUSSEN, 1974). Die Muskeln und Muskelanteile mit „Haltefunktion" sind meistens auch besser kapillarisiert und bestehen aus Typ I-Fasern. Diese Fasern kontrahieren sich langsam, sind zu langdauernden und kräftigen Kontraktionen befähigt und zeichnen sich durch rote Farbe aus („rote Fasern"). Die Muskeln und Muskelanteile mit „Bewegungsfunktion" (Typ II-Fasern) enthalten weniger Myoglobin („weiße Fasern") und kontrahieren sich schnell, ermüden aber ebenso schnell. Intermediäre Fasern zeigen

Eigenschaften, die zwischen den beiden Fasertypen liegen.

In Extremfällen (PECK et al., 1984, 1988) können kleine Gelenkmuskeln, wie z. B. M. plantaris oder M. supinator (VAN DER WAL et al., 1987, 1988) eine so große Anzahl von Muskelspindeln und auch Golgi-Sehnenorganen besitzen, daß sie wohl eine primär propriozeptive Funktion haben (PECK et al., 1984).

Im allgemeinen wird die absolute Anzahl an Muskelspindeln pro Muskelindividuum und die relative Anzahl an Muskelspindeln pro Gramm Gewebe (Übersichtstabellen in der Arbeit von VOSS, 1971) angegeben. Es ist sehr wahrscheinlich, daß für die Funktion der Muskelspindeln ihre Länge und die Anzahl ihrer sogenannten intrafusalen Muskelfasern eine größere Rolle spielt als ihre Anzahl (BARKER, 1974).

Die Anzahl der Muskelspindeln in den einzelnen Muskeln bleibt nach der Geburt konstant und ändert sich mit zunehmendem Alter bzw. Wachstum nicht (VOSS, 1971; HARTUNG und ASMUSSEN, 1988).

11.2 Struktur

Die Muskelspindeln sind ca. 2–10 mm lang und 0,2 mm dick. Die Länge der Muskelspindeln ist von der Länge der Muskeln und von der Lage der Muskelspindel im Muskel selbst abhängig. So sind z. B. 70% der Muskelspindeln der Mm. lumbricales des Menschen (VOSS, 1937) ca. 1–3 mm lang, die längsten befinden sich im Muskelbauch, die kürzesten an den Enden der Mm. lumbricales. Die Muskeln mit langen Fasern haben auch längere Muskelspindeln (M. soleus contra M. gastrocnemius) (SWETT und ELDRED, 1960a, b). Im Längsschnitt unterscheidet man eine mittlere äquatoriale Region – hier ist die Muskelspindel am dicksten – und zwei zugespitze Enden, die Polarregionen (Abb. 48). In einigen Fällen kann eine Muskelspindel in eine andere übergehen, sogenannte Tandemspindeln (BAUM, 1900; CUAJUNCO, 1927; BARKER, 1948; COOPER und DANIEL, 1956, 1963).

Die Muskelspindel besteht aus einer Kapsel, die nach ROBERTSON (1960) aus einem äußeren („outer spindle sheath") und einem inneren Anteil („inner spindle sheath") besteht. Beide begrenzen den sogenannten periaxialen Raum (Abb. 48–50). Weitere Bestandteile der Muskelspindel sind die Muskelfasern, die man als intrafusale Muskelfasern bezeichnet, und sensible, motorische und vegetative Nervenfasern und ihre Nervenendigungen.

Die äußere Kapsel (Abb. 50) ist die Verlängerung des Perineuriums des peripheren Nerven und umhüllt das mittlere Drittel bis zwei Viertel der Gesamtlänge der Muskelspindel. Ihre Ultrastruktur wurde zuerst von MERRILLEES (1960) beschrieben. Sie ähnelt der Struktur der Kapseln von Pacinischen Körperchen (SHANTHAVEERAPPA und BOURNE, 1964) und Golgi-Sehnenorganen (SCHOULTZ und SWETT, 1972). Die Kapselzellen haben eine ähnliche Struktur wie die Zellen des Perineuriums. Sie sind flach und untereinander mit Hilfe von Desmosomen (MERRILLEES, 1960) oder Zonulae adherentes (CORVAJA et al., 1967) verbunden. Die Kapselzellen weisen mikropinozytische Vesikel, kleine Mitochondrien, Polyribosomen und Granula des Glykogens auf (BARKER, 1974). Auf beiden Seiten der Kapselzellen befindet sich eine Basallamina. Die Kapsel besteht aus mehreren Schichten von Kapselzellen. Ihre Anzahl im äquatorialen Abschnitt der Muskelspindel variiert innerhalb desselben Muskels von Spindel zu Spindel, von Muskel zu Muskel innerhalb der Spezies, und schließlich existieren auch Speziesunterschiede (BARKER, 1974). Zum Beispiel besteht die Kapsel der Muskelspindeln im M. lumbricalis der Laborratte aus 6–9 Schichten (LANDON, 1972) und im gleichen Muskel bei der Hauskatze aus 9–12 Schichten (CORVAJA et al., 1967). Zwischen den Zellschichten verlaufen längs, zirkulär oder schraubenförmig kollagene Fibrillen. Die äußerste Kapselzellschicht ist von etwas dickeren kollagenen Fibrillen umgeben (Endomysium der extrafusalen Muskelfasern); der Innenfläche der inneren Kapselzellschicht liegen häufig Fibroblasten an, die den periaxialen Spalt durchkreuzen und ihn oft in Kammern unterteilen (Verlängerung des Endoneuriums). Die Kapsel steht in Verbindung mit dem Perineurium der Nerven und das Perineurium wiederum mit der Arachnoidea des Spinalmarkes (SHANTHAVEERAPPA und BOURNE, 1964; SHANTHA und BOURNE 1968). Es ist sehr wahrscheinlich, daß auch der Liquor cerebrospinalis entlang des Perineuriums fließt und den periaxialen Spalt füllt (STEER und HORNEY, 1968).

Die intrafusalen Muskelfasern (Abb. 50) sind von Zellen des Endomysiums umgeben. Letztere bilden um die einzelnen intrafusalen Muskelfasern die sogenannte „Spindelscheide" (RUMPELT und SCHMALBRUCH, 1969), die BARKER (1974) auch als „axial sheath" bezeichnet. Die Spindelscheide kann auch die Nervenfasern und Nervenbündel umhüllen. Sie löst sich zu den Polen der Muskelspindel hin auf (RUMPELT und SCHMALBRUCH, 1969). Zwischen ihr und der nächsten Kapselzellschicht entsteht der sogenannte periaxiale Spalt. Neben der schon erwähnten Flüssigkeit, die eine gelatinöse Konsistenz hat und viele Proteoglykane enthält, findet man in diesem Spalt Fibroblasten, Makrophagen, Kapillaren, Bündel von markhaltigen und marklosen Nervenfasern, kollagene Fibrillen und elastische Fibrillen.

Von einem Muskelspindelpol zum anderen ziehen quergestreifte Muskelfasern, die man als intrafusale Muskelfasern bezeichnet. Nach der Anordnung der Zellkerne in der Äquatorialebene werden sie in kürzere und dünnere Kernketten- und längere und dickere Kernsackfasern unterteilt (BOYD, 1959, 1960; BOYD et al. 1984). Bei den Kernkettenfasern sind die Zellkerne äquatorial im Zellinneren in Kernreihen angeordnet, während sie in den Kernsackfasern in einem verdickten mittleren Abschnitt eine Anhäufung bilden. Allgemein ist die Anzahl der Kernkettenfasern in den Spindeln größer als die der Kernsackfasern. In den Muskelspindeln der Laborratte wurden zwei Kernketten- und zwei Kernsackfasern, bei der Hauskatze zwei Kernsack- und vier Kernkettenfasern (BARKER, 1974) beobachtet. In den Muskelspindeln des Menschen variiert die Anzahl der Kernsackfasern zwischen 1–5 und die der Kernkettenfasern zwischen 2–11 (CAZZATO und WALTON, 1968). Die Kernsackfasern sind länger und juxta-äquatorial dicker (4–11,5 mm lang und 12–23 µm dick) im Vergleich zu den Kernkettenfasern, die eine Länge von 2–6 mm und eine Dikke von 4–13 µm juxta-äquatorial aufweisen (BOYD, 1962).

Die histochemischen Untersuchungen der extrafusalen Fasern der Muskulatur (GUTMANN, 1970) und der intrafusalen Fasern der Muskelspindeln (YELLIN, 1969; BANKS, 1971; JAMES, 1971a, b; OVALLE und SMITH, 1972; ARENDT und ASMUSSEN, 1974) haben gezeigt, daß man prinzipiell drei Typen von extrafusalen Muskelfasern unterscheiden kann: 1. Typ A – schnell zuckende Muskelfasern mit großem Durchmesser und histochemisch mit einer hohen Aktivität der glykolytischen Enzyme und der myofibrillären ATPase, 2. Typ B – langsam zuckende Fasern mit einem mittleren Durchmesser und histochemisch mit einer niedrigen Aktivität der glykolytischen Enzyme und der myofibrillären ATPase und 3. Typ C – schnell zuckende Muskelfasern mit einem geringeren Durchmesser und histochemisch mittelstarker Aktivität der glykolytischen Enzyme und hoher Aktivität der myofibrillären ATPase. Entsprechende drei Typen kann man auch bei den intrafusalen Fasern unterscheiden: Ein Typ gehört den Kernkettenfasern (mit M-Streifen und hoher myofibrillärer ATPase-Aktivität) und zwei den Kernsackfasern an („dynamic bag 1“ ohne M-Streifen mit einer niedrigen Aktivität der myofibrillären ATPase und mit wenig Glykogen und „static bag2“-Fasern mit typischen M-Streifen und einer mittleren bis hohen Aktivität der myofibrillären ATPase; BOYD, 1985). Die Kernsackfasern haben ihren Ansatz extrakapsulär an den Sehnen, Faszien und kollagenen Fibrillen des Endomysiums oder Perimysiums der extrafusalen Fasern. Die „static bag 1“-Fasern sind hier von elastischen Fasern umhüllt. Die Kernkettenfasern haben einen intrakapsulären Ansatz an Fasern der Innenfläche der Kapsel (VON DÜRING und ANDRES, 1969).

Zwischen den intrafusalen Muskelfasern wurden desmosom-ähnliche Verbindungen beobachtet (CORVAJA et al., 1967; RUMPELT und SCHMALBRUCH, 1969). Satellitenzellen kommen an den intrafusalen Fasern häufiger als an den extrafusalen Fasern vor und etwa fünfmal häufiger bei den Kernsackfasern als bei den Kernkettenfasern (RUMPELT und SCHMALBRUCH, 1969).

Die sensiblen Axone sind myelinisiert, und man kann sie in die Gruppe-Ia- und II-Fasern oder A-alpha- und A-gamma-Fasern unterteilen (siehe Tabelle 1.). Die Ia-Fasern haben vor dem Eintritt in die Muskelspindel einen Durchmesser von 6–15 µm (ADAL und BARKER, 1962; BARKER, 1974). Der Durchmesser der Gruppe II-Fasern ist hier etwa um die Hälfte kleiner und beträgt ca. 6 µm. Allgemein wird jede Muskelspindel von jeweils einer Ia-Nervenfaser und einer II-Nervenfaser innerviert (THIEL, 1959; DÜRING und ANDRES, 1969; BARKER, 1974). Sie treten in den periaxialen Spalt der Muskelspindel in Höhe der Äquatorialebene ein. Das Perineurium des Nerven geht in die Kapsel über (SHANTHAVEERAPPA und BOURNE, 1964). Im periaxialen Spalt verzweigen sich die Nervenfasern meistens dichotomisch und bilden um die intrafusalen Muskelfasern sensible Nervenendigungen. Die Ia-Nervenfasern bilden in der Äquatorialzone die sogenannten „primary endings“ (BARKER, 1967, 1974), die ausschließlich als anulospirale Nervenendigungen um Kernsack- und Kernkettenfasern in der äquatorialen Zone (RUFFINI, 1898) vorkommen. Die Gruppe-II-Nervenfasern bilden die „secondary nerve endings“, die oberhalb und unterhalb der primären Nervenendigungen eine bis zu 700 µm lange Zone der Kernkettenfasern innervieren. Dieser Typ der Nervenendigungen kann entweder die anulospirale Form oder die Blütendoldenform (flower-spray) aufweisen (SWASH und FOX, 1972; BARKER, 1974). An den Polen der Muskelspindeln wurden myelinisierte Nervenfasern der Gruppe III und nicht-myelinisierte Nervenfasern der Gruppe IV beobachtet (STACEY, 1967, 1969). Sie können innerhalb der Kapsel im periaxialen Raum und auch außerhalb der Kapsel im Endomysium der benachbarten extrafusalen Muskelfasern sogenannte „freie Nervenendigungen“ bilden.

Die anulospiralen Nervenendigungen wurden sowohl bei den primären als auch bei den sekundären Nervenendigungen beobachtet (BARKER, 1974). Sie bilden um beide Typen der intrafusalen Muskelfasern halbmondförmige oder ringförmige Nerventerminalen, die in tiefen Gruben des Sarkolemmas liegen. Beim Durchtritt durch die Basalmembran der Muskelfaser verlieren sie ihre Schwannsche Zelle und haben auf der einen Seite Kontakt zu dem Sarkolemma, auf der anderen Seite sind sie von der Basalmembran der intrafusalen Faser bedeckt. Zwischen dem Axolemma der Nerventerminale und dem Sarkolemma der Muskelfaser entstehen synaptische und desmosomale Kontakte (MAYR, 1970).

Die Blütendolden-Nervenendigungen wurden ausschließlich bei den sekundären Nervenendigungen beobachtet (MAYR, 1970; BARKER, 1974). Es wird auch berichtet (BARKER, 1967, 1974), daß sie bei manchen Spezies (z. B. Hauskatze) etwas häufiger vorkommen. Sie machen aber höchstens 1/3 der sekundären Nervenendigungen aus (BARKER, 1974) und enden in einer verzweigten Form ausschließlich an den Kernkettenfasern der Muskelspindeln. Sie haben die gleiche Ultrastruktur wie die anulospiralen Nervenendigungen (DÜRING und ANDRES, 1969; HENNING, 1969; CORVAJA et al., 1967; MAYR, 1970; BARKER, 1974).

Die freien Nervenendigungen sind Äste der myelinisierten Gruppe-III- und nichtmyelinisierten Gruppe-IV Fasern. Sie haben eine ähnliche Ultrastruktur wie andere freie Nervenendigungen im Bindegewebe (siehe Kapitel 6). Sie liegen im Endomysium der Muskelspindel in der Polarregion, aber auch im periaxialen Spalt der Äquatorialregion (STACEY, 1967, 1969; BARKER, 1974). Viele der Gruppe-IV-Nervenfasern sind wahrscheinlich vegetative Nervenfasern (STACEY, 1967).

Die motorische Innervation wurde im Detail beim Hauskaninchen von BARKER (1948) analysiert. Nach neueren Erkenntnissen (BARKER, 1974; BOYD und GLADDEN 1985) kann man drei Typen der motorischen Nervenendigungen unterscheiden. Zwei werden von myelinisierten efferenten A-gamma-Fasern und der dritte Typ von A-beta-Efferenzen gebildet. Die Efferenzen der gamma-Motoneurone haben einen Durchmesser von ca. 2–8 µm und sind cholinerg. Allgemein treten sie zusammen mit den afferenten Axonen in der Äquatorialregion in die Muskelspindeln, verzweigen sich und bilden oberhalb und unterhalb der sensiblen Nervenendigungen an den Kernsackfasern zwei Typen, an den Kernkettenfasern einen Typ von Nerventerminalen. Die Nerventerminalen der Kernsackfasern Typ „dynamic bag1" haben die Form einer motorischen Platte, die Nerventerminalen der Kernsackfasern Typ „static bag2" sind netzförmig („trail endings" – BARKER, 1974; gamma-Endnetze – SCHMIDT, 1976). Die Nervenendigungen der Kernkettenfasern ähneln mehr den „trail endings". Die myelinisierten beta-Efferenzen sind Kollateralen der motorischen Nervenfasern für die extrafusale Muskulatur. Sie treten in die Muskelspindeln in der Polarregion ein und bilden überwiegend an den Kernsackfasern kleine motorische Endplatten.

11.3 Entwicklung

Die Entwicklung der Muskelspindeln wurde hauptsächlich lichtmikroskopisch beim Menschen, beim Hausschwein und bei der Laborratte untersucht (TELLO, 1917, 1922; CUAJUNCO, 1927, 1940; ZELENA, 1957; ZELENA und HNIK, 1960). Bei der Laborratte erfolgt die Entwicklung überwiegend postnatal. Die Voraussetzung für die Entwicklung einer Muskelspindel ist der Kontakt der Myotuben der späteren intrafusalen Fasern mit den primären sensiblen Nervenendigungen. Offensichtlich wird durch diesen Kontakt die Teilung der Zellkerne in den Myotuben in der Äquatorialebene stimuliert. Gleichzeitig erfolgt die Entwicklung der Myofibrillen in den Polarregionen und auch in den extrafusalen Muskelfasern. Zuerst entwickelt sich die dickere Kernsackfaser. Bei der Laborratte findet man kurz nach der Geburt Muskelspindeln, die nur zwei intrafusale Fasern enthalten. Erst sechs Tage nach der Geburt ist die komplette Anzahl (vier Muskelfasern) vorhanden (ZELENA, 1957; MARCHAND und ELDRED, 1969). Dies kann entweder durch Inkorporation von extrafusalen Myotuben oder durch Längsteilung der ursprünglichen Myotuben geschehen. Die Befunde von BARKER und MILBURN (1982, 1984) und MILBURN (1973, 1984) sprechen für die zweite Möglichkeit. Nach der Innervation durch die primäre Nervenendigung, Vermehrung der Zellkerne und Aufsplitterung der Myotuben entwickelt sich in der Äquatorialregion eine primitive perineurale Kapsel (LANDON, 1972), und die Myotuben werden durch die motorischen beta-Fasern, die eine Schlüsselrolle bei der Determination der ultrastrukturellen Charakteristika der intrafusalen Fasern spielen (MILBURN, 1973; BARKER, 1974), innerviert. Dann breitet sich die perineurale Kapsel auf die Polarregionen aus, und die sekundäre sensible Innervation durch die Gruppe-II-Fasern wird entwickelt. Der periaxiale Spalt mit seiner Flüssigkeit und seinen Zellen erscheint zuletzt. Bei der Laborratte ist die Entwicklung am 25. postnatalen Tag abgeschlossen (ZELENA,

1957). Beim Hausschwein dagegen wird die Entwicklung schon praenatal abgeschlossen (Cuajunco, 1927).

11.4 Funktion

Die Muskelspindel ist nach ihrem adäquaten Reiz ein Dehnungsrezeptor, der parallel zu den extrafusalen Muskelfasern orientiert ist. Aus physiologischen Untersuchungen (Übersicht siehe bei Schmidt, 1976) geht hervor, daß Muskelspindeln die Länge eines Muskels vor, während und nach einer Kontraktion messen. Es wird nicht nur das Ausmaß der Dehnung, sondern auch die Geschwindigkeit, mit der sich die Länge verändert, gemessen. Es ist wahrscheinlich, daß die schnell adaptierenden Nervenendigungen der „dynamic nuclear bag1"-Fasern die Veränderungen während der Bewegung signalisieren, die Nervenendigungen der „static nuclear bag2"-Fasern dagegen weniger empfindlich für die Bewegung sind. Die Nervenendigungen der Kernkettenfasern haben eine langsame Adaptation. Mit Hilfe der motorischen gamma-Fasern und beta-Fasern kann die Länge der intrafusalen Fasern eingestellt werden und damit die Wirkung der Kontraktion der extrafusalen Fasern kompensieren. Für weitere Details siehe Boyd und Gladden (1985).

12. Tastorgane (Mechanorezeptorische Komplexe)

Der Tastsinn gehört zu den phylogenetisch ältesten Sinnen. Für das Überleben des Organismus hat er eine entscheidende Bedeutung. Das Neugeborene orientiert sich nach der Geburt mit Hilfe seines Tastsinns in der neuen Umwelt. Für diese Wahrnehmungen bildet die Haut mit ihren sensiblen Nervenendigungen komplexe Strukturen, die man als Tastorgane, Tastapparate, Tastsinnesorgane oder mechanorezeptorische Komplexe bezeichnen kann. Sie werden bei den Säugetieren schon praenatal entwickelt. Bei den Nestflüchtern sind sie gleich nach der Geburt ausgereift (Walter, 1960), bei den Nesthockern dagegen reifen verschiedene sensible Nervenendigungen von diesen Tastorganen erst nach der Geburt.

Ähnlich wie andere Sinnesorgane, zum Beispiel Auge oder Ohr, bestehen die „Tastsinnesorgane" (oder mechanorezeptorischen Komplexe) aus einem mechanischen Teil, der für die Übertragung der Reize auf die Nervenendigungen sorgt, und aus einem sensiblen Teil, den Nervenendigungen. Zu dem mechanischen Bestandteil gehören Epidermisstrukturen, wie beispielsweise die epithelialen Zapfen in der Zapfenhaut, die epithelialen Leisten in der Leistenhaut, das Epithel der Haarfollikel mit den Talgdrüsen in der behaarten Haut oder das Bindegewebe des Stratum papillare mit seinen Blutgefäßen. Die Haut ist regional unterschiedlich dicht mit solchen mechanorezeptorischen Komplexen ausgestattet. So besitzen die Haut der Körperöffnungen im Kopfbereich, die Nasenspitze von vielen Tieren und die Haut der Greiforgane besonders viele, die Haut des Rückens dagegen nur wenige Tastorgane. Darüber hinaus spielt die Repräsentation der Tastorgane im ZNS eine große Rolle. So ist zum Beispiel die Haut der Lippen oder des Daumens im ZNS besser repräsentiert als die des Rückens oder Oberschenkels.

Der Bewegungsapparat weist ebenfalls mechanorezeptorische Komplexe auf. Sie befinden sich in den Ansatzstellen der Muskulatur im Bindegewebe der Muskeln, der Muskelsehnen und Aponeurosen sowie in den Gelenkkapseln. Sie sind überwiegend auf die Rezeption von Dehnungsreizen (Anspannung und Entspannung) spezialisiert.

Zu den mechanorezeptorischen Komplexen der Haut gehören folgende Strukturen: die Epithelzapfen der Zapfenhaut mit ihren Nervenendigungen und dermalen Anteilen, die Epithelleisten der Leistenhaut mit ihren Nervenendigungen und Bindegewebsanteilen und die Haarfollikel der Vellus-, Kontur- und Sinushaare mit ihren Nervenendigungen und ihren bindegewebigen Anteilen.

12.1 Tastapparate der unbehaarten Haut

12.1.1 Die Epithelzapfen der Zapfenhaut

Die Zapfenhaut wurde zuerst bei Talpiden (Eimer, 1871; Mojsisovic, 1876) beschrieben. Weiter wurde die Anordnung der Epidermis in Zapfen in der Nase der Hauskatze (Halata, 1970, 1973),

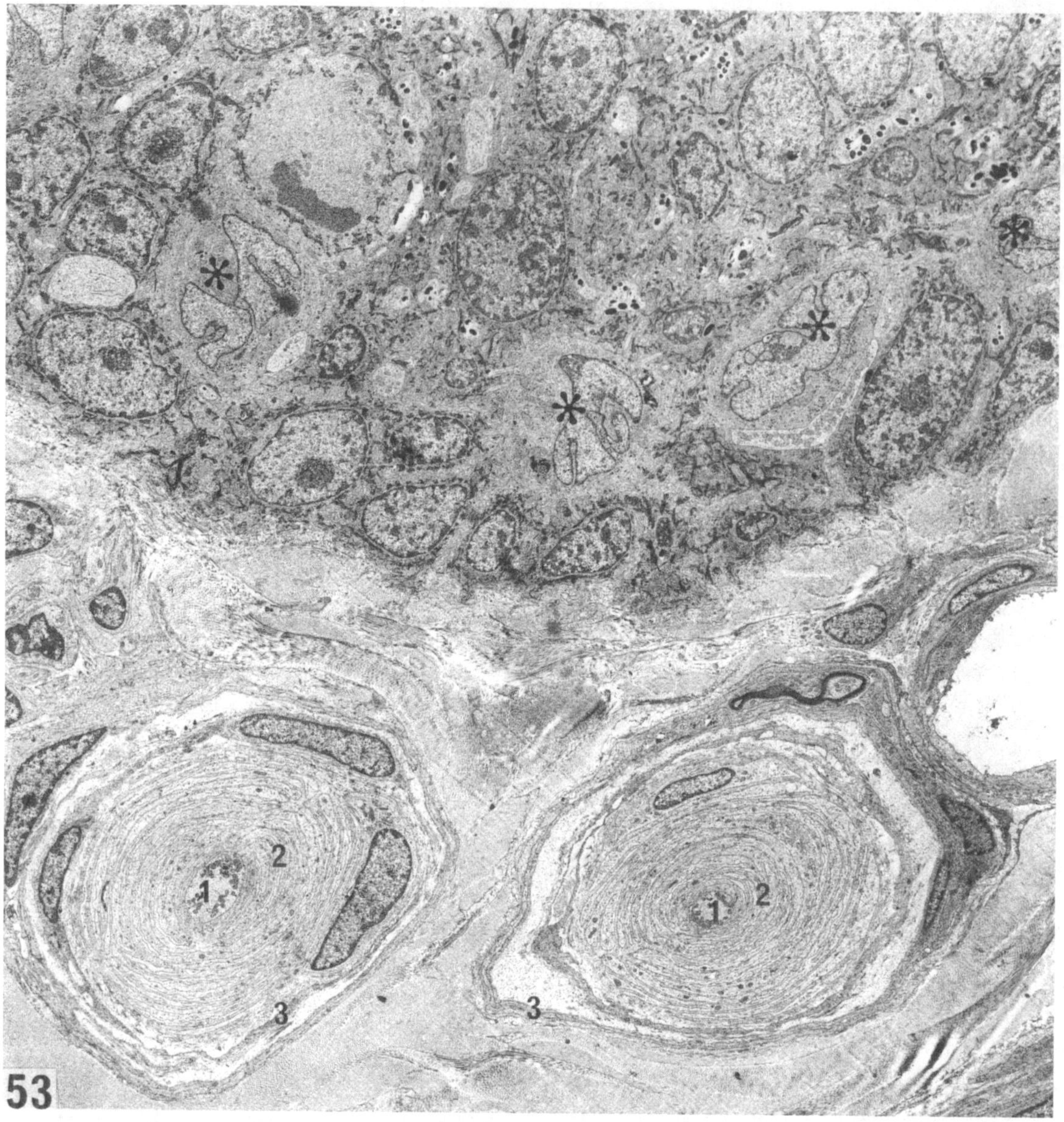

Abbildung 53: Senkrechter Schnitt durch einen Epithelzapfen und die Papillarschicht. Querschnitt durch Pacinische Körperchen mit einem Axon (1), einem Innenkolben (2) und einer perineuralen Kapsel (3). In der Epidermis dicht oberhalb der Basalschicht liegen vier Merkelsche Nervenendigungen (*). Hauskatze (*Felis silvestris* f. catus), Planum nasale; EM Bild, 1340 X.

in der Rüsselscheibe des Hausschweins (ANDRES und VON DÜRING, 1973; HALATA 1975), bei einigen Marsupialiern (LOO und HALATA, 1985a und b) und beim Schnabeltier (BOHRINGER, 1976, 1981; ANDRES und von DÜRING, 1984) beobachtet. Bei den eierlegenden Säugern (Monotremata – Schnabeltier und Schnabeligel) wurden neben den Tastorganen auch Elektrorezeptoren (ANDRES und VON DÜRING, 1984; ANDRES et al., 1991) beobachtet und physiologisch (SCHEICH und LANGER, 1986; GREGORY et al., 1987, 1988, 1989; IGGO et al., 1985, 1988) beschrieben.

Allgemein besteht die Tendenz, daß bevorzugt blinde oder nachtaktive Tierspezies diesen Typ der unbehaarten Haut im Bereich der Nase ausbilden.

Der mechanorezeptorische Komplex der Zapfenhaut (Abb. 53 und 54) besteht aus einem epidermalen und einem dermalen Anteil und aus den Nervenendigungen. Der epidermale Anteil wird aus einer papillären Erhebung an der Oberfläche und aus einem ins Corium ragenden pufferähnlichen Epidermiszapfen aufgebaut. Der dermale Anteil besteht aus dem Bindegewebe des Stratum papillare, das dem Zapfen zugewandt ist, und aus einer Ringkapillare, die aus einem Blutsinus der Nasenhaut (BOEKE, 1933b) austritt. Ein typisches Beispiel für die Zapfenhaut ist die Nase des Maulwurfs, in der die mechanorezeptorischen Komplexe als Eimersche Organe (EIMER, 1871) bekannt sind. EIMER (1871) schätzte die Anzahl der Epi-

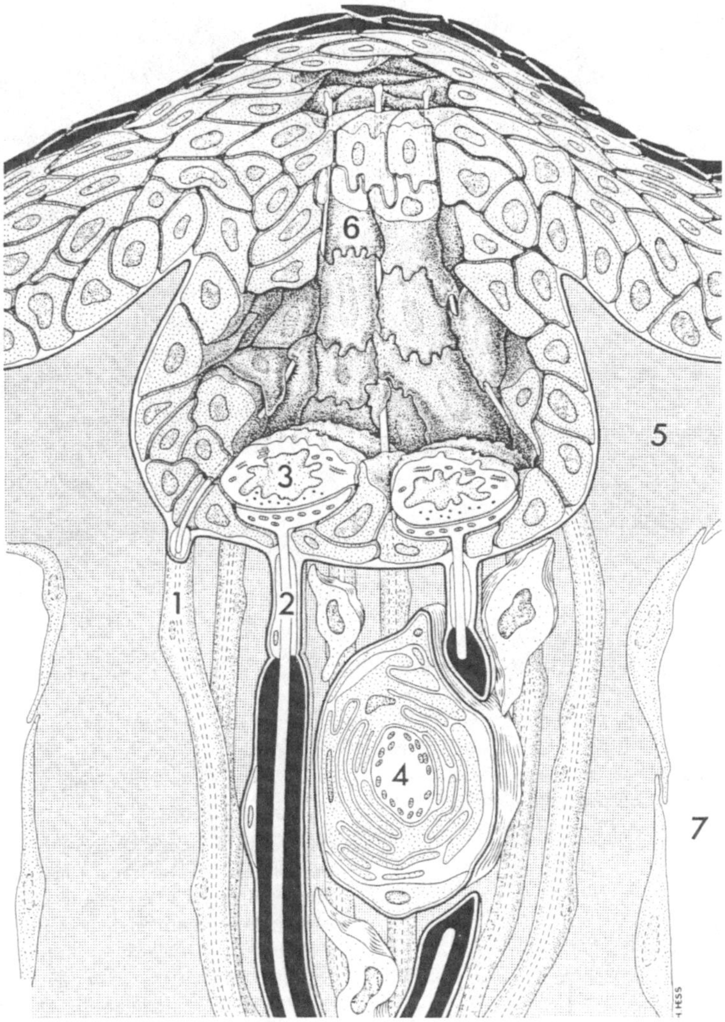

Abbildung 54: Halbschematische Darstellung eines Eimerschen Organs der Maulwurfsnase. 1 – marklose Nervenfaser, die mit einer Verdickung unter dem Stratum granulosum endet, 2 – terminaler Abschnitt eines Nervendiskus innerhalb einer Merkelschen Nervenendigung, 3 – Merkelsche Zellen, 4 – kleines Pacinisches Körperchen in der Papillarschicht, 5 – Stratum papillare, 6 – Keratinozyten des Stratum spinosum, 7 – Blutgefäß. Maulwurf, *Talpa europaea*. Aus HALATA, 1971.

thelzapfen und damit der Tastorgane auf 5000. Jeder Epithelzapfen ist von freien Nervenendigungen und Merkelschen Nervenendigungen innerviert, in der Papillarschicht unter den Zapfen befinden sich freie Nervenendigungen und kleine Pacinische Körperchen (HALATA, 1971 a). Die Anzahl der freien Nervenendigungen im Stratum spinosum und granulosum der Epidermis eines Zapfens variiert zwischen 15 und 25 in Abhängigkeit von der Dicke der Zapfen. In der Basis der Zapfen zwischen dem Stratum basale und Stratum spinosum liegen 3–5 Merkelsche Nervenendigungen. Die freien Nervenendigungen der Dermis befinden sich dicht unter der Basalmembran der Epithelzapfen, und die kleinen Pacinischen Körperchen liegen in der Papillarschicht unter der Mitte der Epithelzapfen. Die Epidermiszapfen haben eine ähnliche mechanische Funktion bei der Reizaufnahme wie die Haarfollikel bei den Tasthaaren. Die Ringkapillaren isolieren einzelne Epithelzapfen voneinander, so daß auch dicht nebeneinander stehende Tastorgane (Eimersche Organe) isoliert erregt werden können. Die Gesamtzahl der Organe (ca. 5000) mit ihren Nervenendigungen (ca. 150000 epidermale und dermale freie Nervenendigungen, 20000 Merkelsche Nervenendigungen und 5000–10000 kleine Pacinische Körperchen) vermittelt dem Tier ein Tastbild der Umgebung.

12.1.2 Die Leistenhaut

Die Leistenhaut findet man in der Haut der Finger, der Zehen und der Handflächen und Fußsohlen bei Tier-Primaten und Menschen sowie bei ei-

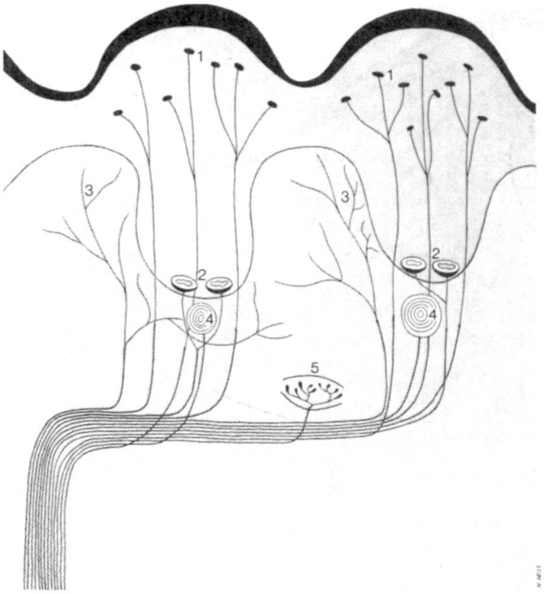

Abbildung 55: Schematische Darstellung der Innervation der Zapfenhaut. Das Epithel wird von freien Nervenendigungen (1) (Stratum spinosum und Stratum granulosum) und Merkelschen Nervenendigungen (2) (Stratum basale) innerviert. Im Stratum papillare der Dermis liegen freie Nervenendigungen (3) und kleine Pacinische Körperchen (4). In der Tiefe der Dermis im Stratum reticulare befinden sich die Ruffinischen Körperchen (5) (aus HALATA, 1990a),

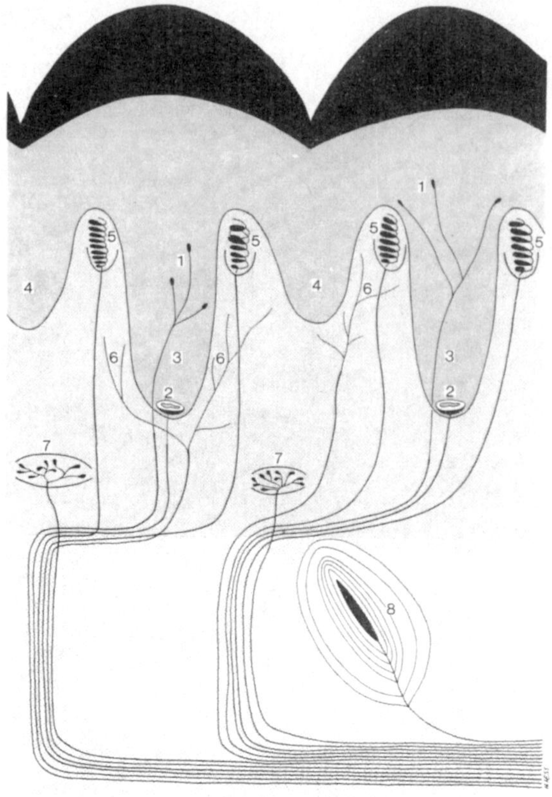

Abbildung 56: Schematische Darstellung der Innervation der Leistenhaut. Die freien Nervenendigungen in der Epidermis (1) liegen überwiegend in den Drüsenleisten. Die Merkelschen Nervenendigungen (2) findet man in der Basalschicht der Drüsenleiste. In den Bindegewebspapillen zwischen den Drüsen- (3) und Haftleisten (4) befinden sich Meissnersche Körperchen (5). Die freien Nervenendigungen (6) liegen in der Papillarschicht der Dermis, die Ruffinischen Körperchen (7) in der Retikularschicht. Große Vater-Pacinische Körperchen (8) findet man im Panniculus adiposus (aus HALATA, 1990a).

nigen Marsupialiern. Außerdem sind bei Primaten und Menschen auch die Lippen teilweise mit einer Leistenhaut bedeckt.

Die typische Struktur eines mechanorezeptorischen Komplexes weist die Haut der Fingerkuppen auf (Abb. 56). Die Oberfläche des Epithels bildet Leisten und Furchen. Die basale Fläche des Epithels zeigt unter den oberflächlichen Leisten die Drüsen- und unter den epithelialen Furchen die Haftleisten. Senkrecht zu den Drüsen- und Haftleisten verlaufen die Querleisten (HORSTMANN, 1957). Bei der Fingerhaut von *Macaca mulatta* und *Macaca fascicularis* ist die Drüsenleiste mit der entsprechenden oberflächlichen Leiste ca. 2000 µm hoch und 500 µm breit. Die Ausführungsgänge der Schweißdrüsen verlaufen spiralförmig in konstanten Abständen von der Basalfläche bis an die Oberfläche der Haut. Die Haftleisten sind bis zur oberflächlichen Furche 1000 µm hoch und ca. 200 µm breit. Die Querleisten sind ca. 100 µm breit und 300 µm hoch. Die Leisten der basalen Fläche der Epidermis bilden auf der Unterfläche des Epithels Krypten. In diese Krypten ragen Papillen des Stratum papillare der Dermis hinein. Einzelne Krypten sind mit Hilfe von Kapillarschlingen voneinander getrennt. Die Epithelleisten und die Bindegewebspapillen mit ihren Blutgefäßen und Nervenendigungen bilden die Tastorgane der Leistenhaut. In der Basalschicht der Epidermis der Drüsenleisten befinden sich in der Umgebung der Einmündung der Drüsengänge oft Anhäufungen von Merkelschen Nervenendigungen (bis zu 10). In jeder Krypte zwischen Drüsen- und Haftleisten ist zwischen den kollagenen Fibrillen ein Meissnersches Körperchen aufgehängt. Die freien Nervenendigungen befinden sich sowohl im Bindegewebe der Papillen als auch im Bindegewebe um die basalen Anteile der Drüsen und Haftleisten. Sie können Kontakt zu der Basallamina des Epithels haben und wurden im Epithel im Stratum spinosum beobachtet (NOVOTNY und GOMMERT-NOVOTNY, 1988). In der Tiefe der Dermis, von der Struktur der Oberfläche unabhängig, liegen große Pacinische Körperchen.

Ähnlich wie die Zapfenhaut kann die Leistenhaut optimal Tastreize vermitteln (HALATA, 1975). Die Blutkapillaren trennen die einzelnen Krypten mit

Meissnerschen Körperchen voneinander, die Drüsenleisten übertragen den oberflächlichen Druck auf die Meissnerschen Körperchen und Merkelschen Nervenendigungen. Die Pacinischen Körperchen in der Tiefe der Dermis reagieren auf Druck und Vibration.

Wie die Fingerkuppe hat auch die Lippenhaut eine ähnliche Struktur und weist ein ähnliches Innervationsmuster auf (HALATA und MUNGER, 1983).

12.2 Tastapparate der behaarten Haut

Zu den Tastorganen oder mechanorezeptorischen Komplexen der behaarten Haut gehören die sogenannten Tastscheiben (auch Pinkus-Körperchen) und die Haarfollikel mit ihren Nervenendigungen.

12.2.1 Die Tastscheibe der behaarten Haut

Die Tastscheibe wurde in der behaarten Haut zuerst von PINKUS (1902, 1905) beschrieben und später von mehreren Autoren licht- und elektronenmikroskopisch nachgewiesen und untersucht (STRAILE, 1960, 1961; KAWAMURA et al. 1964; MANN, 1965, 1968; SMITH, 1967; STRAILE und MANN, 1972; FITZGERALD et al., 1984). Die Tastscheibe ist aus einer Epithelerhebung, die in der Nähe einiger Haarfollikel liegt, und aus einer Ansammlung von Merkelschen Zellen und terminalen Verdickungen sensibler Nerven zusammengesetzt. Die Anzahl der Merkelschen Nervenendigungen ist von der Größe der Epithelerhebung abhängig. Größere besitzen bis zu 50 Merkelsche Nervenendigungen. Solche Tastscheiben wurden in der Haut der vorderen Bauchwand (SMITH, 1967) und in der Haut der Lidkante (MUNGER und HALATA, 1984) auch beim Menschen elektronenmikroskopisch beschrieben. Neben der Erhebung des Epithels kann auch das Epithel des Haartrichters des Haarfollikels die mechanischen Reize auf die Tastscheibe übertragen. Meistens haben diese Haare einen etwas größeren Durchmesser und sind länger (tylotrichic hairs – STRAILE, 1960, 1961 und MANN, 1968).

12.2.2 Das Sinushaar als Tastorgan

Ein weiteres typisches Beispiel für ein Tastorgan sind die Tasthaare, die in der Literatur allgemein als Sinushaare (VINCENT, 1913; MELARAGNO und MONTAGNA, 1953; VAN HORN, 1970) bekannt sind. Die Haarfollikel der Sinushaare sind zum größten Teil oder vollständig in einen Blutsinus eingebettet. Im Bereich der Haarzwiebel ist der Blutsinus kavernös, im restlichen Abschnitt des Haarfollikels bildet er einen ringförmigen, ungekammerten Blutsinus. Ausläufer quergestreifter mimischer Muskulatur setzen oft an dem dicken adventitiellen Bindegewebe des Blutsinus an. So sind die Sinushaare willkürlich beweglich. Der untere kavernöse Abschnitt hat offensichtlich die Funktion eines Schwellkörpers, während der obere Ringsinus den gut innervierten Teil des Haarfollikels von der Dermis abschirmen soll (ANDRES, 1966).

Am Längsschnitt durch den Haarfollikel eines Sinushaares (Abb. 59) wird ein Abschnitt zwischen Epidermis und Blutsinus unterschieden von einem Abschnitt innerhalb des Blutsinus. Hier mündet in dem oberen Bereich die Talgdrüse; der Haarfollikel ist hier verjüngt. Dann folgt ein verdickter Bereich des Haarfollikelepithels (HALATA, 1975). Die Nervenendigungen im Bindegewebe befinden sich überwiegend im Winkel zwischen Talgdrüse und Haarfollikelepithel, während die intraepithelialen Nervenendigungen im Bereich der Verdikkung des Haarfollikelepithels liegen. Es sind hier alle Typen von Mechanorezeptoren, von den langsam adaptierenden bis zu den schnell adaptierenden, repräsentiert (GOTTSCHALDT et al., 1973). Elektronenmikroskopisch wurden die Sinushaare bei der Laborratte (ANDRES, 1966), beim Seelöwen, *Zalophus californianus* (STEPHENS et al., 1973), bei der Hauskatze, beim Maulwurf (*Talpa europaea*) und Zwergschwein (Göttinger Miniaturschwein) (HALATA, 1975) und bei *Macaca fascicularis* (HALATA und MUNGER, 1980c) ausführlich beschrieben. Dicht unterhalb der Talgdrüse liegen freie Nervenendigungen. In Höhe der Verdickung des Haarfollikelepithels unterhalb der Talgdrüse liegen im Bindegewebe kleine Lamellenkörperchen und lanzettförmige Nervenendigungen (beides schnell adaptierende Rezeptoren). Auf gleicher Höhe, aber im Epithel des Haarfollikels, befindet sich eine Manschette von Merkelschen Nervenendigungen (Abb. 57 und 58) (bis zu 2000) und im Bindegewebe, etwa in der Mitte des Blutsinus, befinden sich diejenigen Nerventerminalen, die dem sogenannten Pilo-Ruffini-Komplex (Abb. 59) zugeordnet werden (BIEMESDERFER et al., 1978; HALATA und MUNGER, 1980a, 1983).

Jedes Sinushaar besitzt mehr als 2000 verschiedene Mechanorezeptoren mit schneller und langsamer Adaptation, die Druck, Zug oder Schmerz registrieren können. Die Sinushaare kommen in der Haut besonders exponierter Körperregionen in Gruppen (am Kopf in der Nähe der Körperöffnungen, besonders um die Lippen herum), verein-

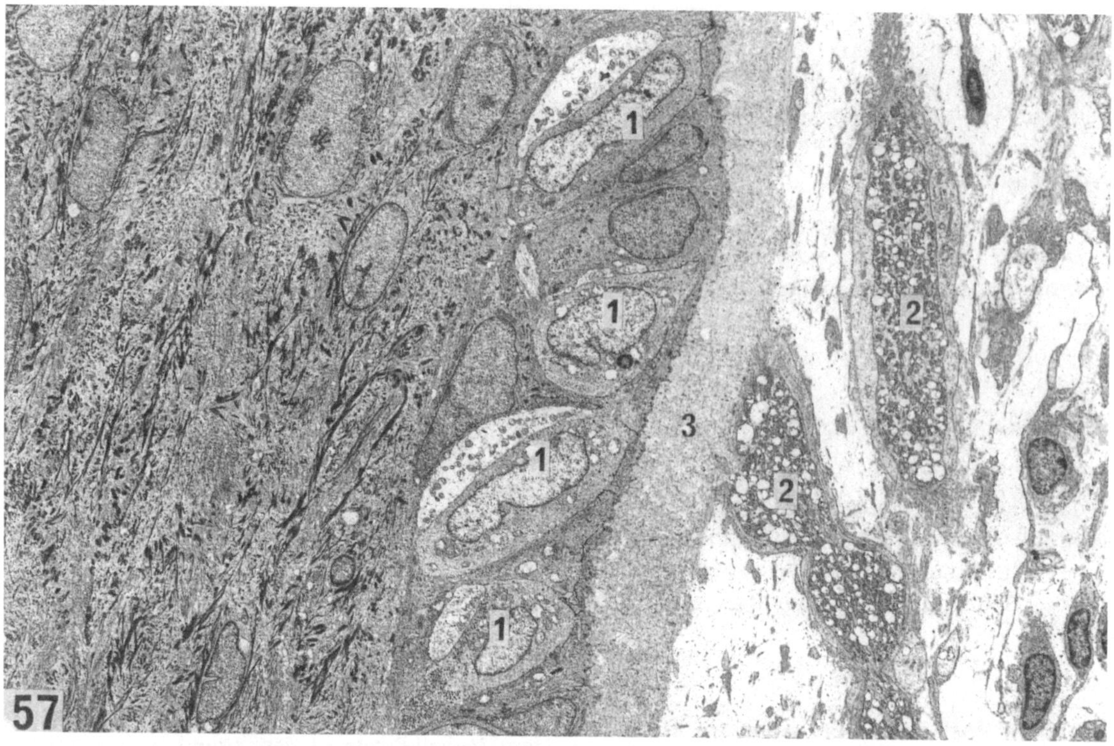

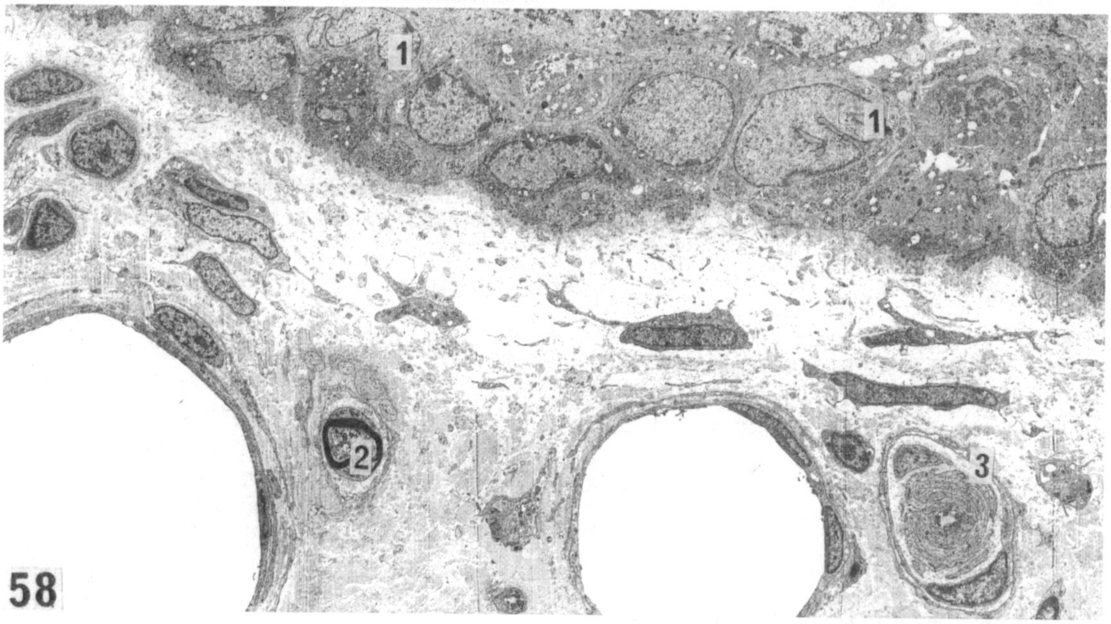

Abbildung 57: Längsschnitt durch ein Sinushaar. In der Basalschicht des Haarfollikelepithels liegen Merkelsche Nervenendigungen (1). Die lanzettförmigen Nervenendigungen (2) stehen in Verbindung mit der Glashaut (3). *Macaca cynomolgus*, Oberlippe; EM Bild, 2000 X.

Abbildung 58: Querschnitt durch ein Sinushaar. In der Basalschicht des Haarfollikelepithel liegen Merkelsche Nervenendigungen (1). Im bindegewebigen Haarbalg befindet sich ein markhaltiges Axon (2) und ein kleines Lamellenkörperchen (3). *Macaca cynomolgus*, Oberlippe; EM Bild, 2000 X.

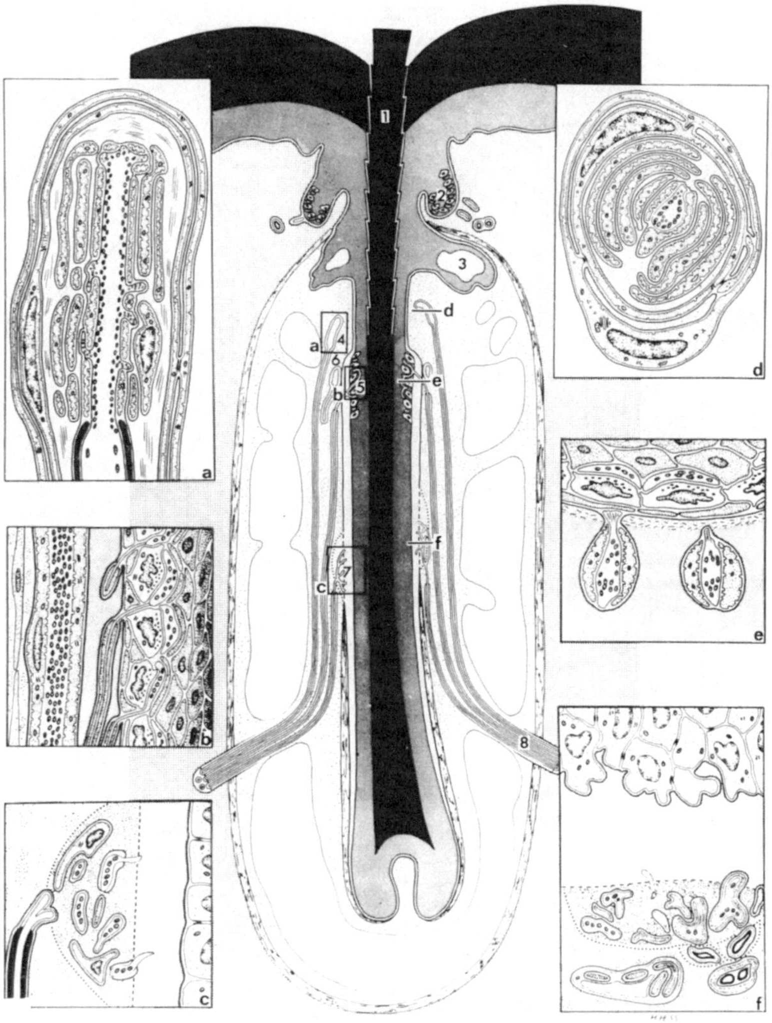

Abbildung 59: Halbschematische Darstellung der Innervation eines Sinushaares aus der Oberlippe von Macaca cynomolgus. 1 – Haarschaft, 2 – Merkelsche Nervenendigungen im Stratum basale der Epidermis. 3 – Talgdrüse, 4 – kleine Lamellenkörperchen, 5 – Merkelsche Nervenendigungen im Haarfollikelepithel, 6 – lanzettförmige Nervenendigungen, 7 – Ruffinische Körperchen, 8 – Nervenfaszikel. Abbildungen a–f zeigen Details. a – Längsschnitt durch ein Lamellenkörperchen mit einer perineuralen Kapsel. b – Längsschnitt durch lanzettförmige (im Bindegewebe) und Merkelsche (im Epithel) Nervenendigungen. c – Detail aus einem Ruffinischen Körperchen. d – Querschnitt durch ein Lamellenkörperchen mit einer perineuralen Kapsel. e – Querschnitt durch lanzettförmige (im Bindegewebe) und Merkelsche (im Epithel) Nervenendigungen. f – Ruffinisches Körperchen im Querschnitt (aus HALATA, 1990b).

zelt an der volaren Fläche des Unterarms und des Unterschenkels distal am Übergang zur Hand- bzw. Fußwurzel vor. Sie sind bei Mammaliern weit verbreitet, fehlen jedoch beim Menschen.

12.2.3 Kontur- und Lanugohaare als mechanorezeptorische Komplexe

Alle Kontur- und viele der Lanugohaare haben die Funktion von Tastorganen. Für die Innervation ist auch hier wie bei den Sinushaaren der Abschnitt unterhalb der Talgdrüse wichtig. In dieser Region sind die meisten Mechanorezeptoren mit dem Haarfollikelepithel und dem Bindegewebe verbunden (HALATA, 1979a und b, 1990a und b; HASHIMOTO, 1979), und der Follikel selbst ist hier von der umgebenden Dermis durch eine oder zwei schraubenförmig verlaufende Arterien abgeschirmt. Die Talgdrüse bildet häufig um die Nerventerminalen eine Art Glocke. Die Konturhaare kommen überwiegend in cranialen Abschnitten des Körpers (Kopf, Hals, obere Extremität mit Schulterblättern) vor.

Die meisten Konturhaare (Abb. 60) werden von Merkelschen Nervenendigungen, freien Nervenendigungen, von Palisaden der lanzettförmigen Nervenendigungen und von Pilo-Ruffini-Komplexen (BIEMESDERFER et al., 1978; MUNGER und HALATA, 1983) innerviert. Die Anzahl der Nervenendigungen ist jedoch kleiner als beim Sinus-

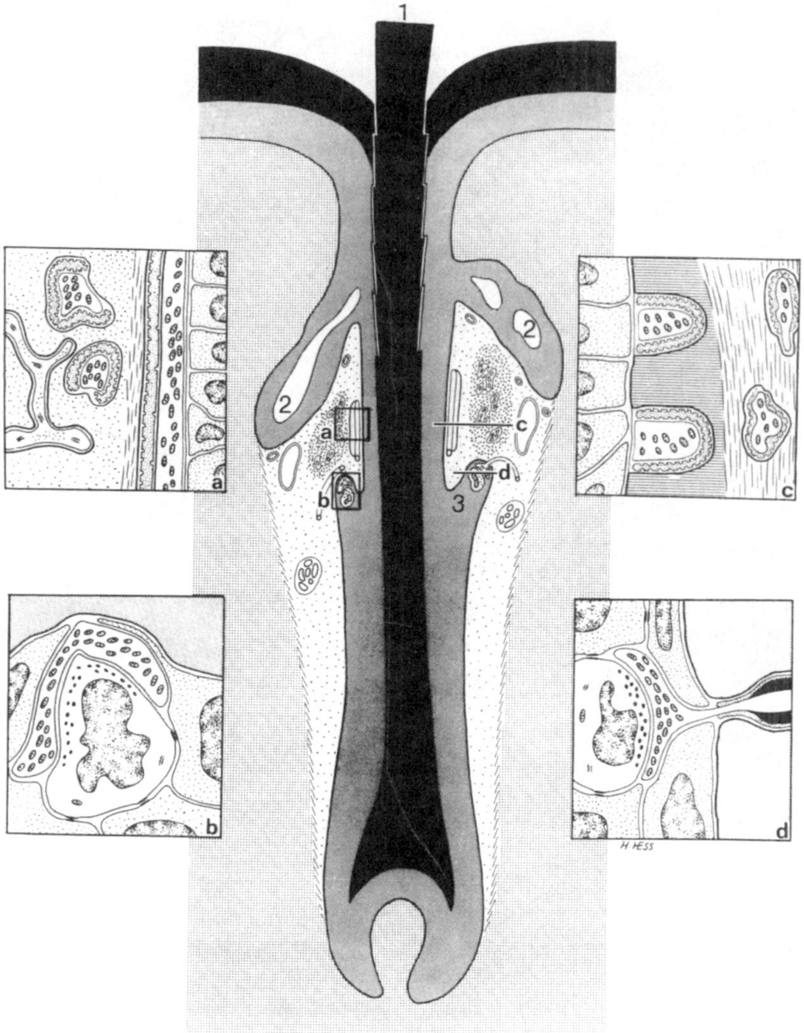

Abbildung 60: Schematische Darstellung der Innervation eines Konturhaares. 1 – Haarschaft, 2 – Talgdrüse, 3 – „Stehkragen“ des Haarfollikels mit Merkelschen Nervenendigungen. Abbildungen a–d zeigen Details. a und c Pilo-Ruffinische und lanzettförmige Nerventerminalen im Längs- (a) und Querschnitt (c) und Merkelsche Nervenendigungen im Längs- (b) und Querschnitt (d) (aus HALATA, 1990b).

haar (50–200) und hängt von der Größe des Haarfollikels ab.

Einige Lanugohaare können eine Kombination von freien Nervenendigungen, Pilo-Ruffini-Komplexen und lanzettförmigen Nervenendigungen aufweisen (MUNGER und HALATA, 1983, 1984), die meisten besitzen aber nur ein oder zwei verschiedene Mechanorezeptoren, die wenigsten sind nicht innerviert.

12.3 Mechanorezeptorische Komplexe des Bewegungsapparates

Etwa zwei Drittel der Nervenfasern, die die Muskulatur und ihr Bindegewebe innervieren, sind sensibel (BOYD und DAVEY, 1968; STACEY, 1969; BARKER, 1974). Die meisten Nervenfasern sind nicht myelinisiert (Gruppe IV) und enden als freie Nervenendigungen im Bindegewebe des Endomysiums in der Nähe von Blut- oder Lymphgefäßen (ANDRES et al., 1985a und b). Die markhaltigen sensiblen Fasern werden in die Gruppen Ia, Ib, II und III (BARKER, 1967, 1974; BERTHOLD, 1978) unterteilt. Die Gruppe der Ia-Nervenfasern versorgt die Muskelspindeln (Durchmesser = 9–22 μm). Die Nervenfasern der Golgi-Sehnenorgane (Durchmesser = 9–22 μm) werden als Ib-Gruppe bezeichnet. Nervenfasern der Gruppe I und II (Durchmesser = 5–15 μm) versorgen große Pacinische Körperchen, während die kleinen Lamellenkörperchen (auch paciniforme Körperchen) von der Gruppe II und III der Nervenfasern innerviert werden (Durchmesser = 1–7 μm). Die Axone einiger freier Nervenendigungen sind den markhaltigen Fasern der Gruppen II und III (BARKER, 1974) zuzuordnen.

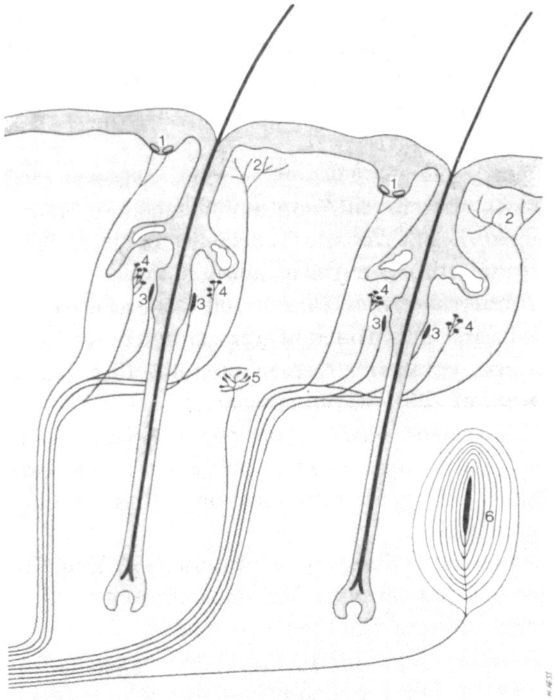

Abbildung 61: Schematische Darstellung der Innervation der behaarten Haut. Die Epidermis zwischen den Haarfollikeln enthält die sogenannten Tastscheiben oder auch Pinkus-Scheiben (1). In der Papillarschicht liegen freie Nervenendigungen (2). Die Lanugohaare sind meistens durch lanzettförmige Nervenendigungen (3) und Pilo-Ruffini Komplexe (4) innerviert. In der Tiefe der Dermis liegen zwischen den Haarfollikeln Ruffinische Körperchen (5) und im Fettpolster die Vater-Pacinischen Lamellenkörperchen (6) (aus HALATA, 1990a).

Freie Nervenendigungen zusammen mit kleinen Lamellenkörperchen, großen Pacinischen Körperchen, Golgi-Sehnenorganen und Muskelspindeln bilden in definierten Abständen an den Ansatzstellen der Muskulatur komplexe mechanorezeptorische Apparate, die Spannung und Entspannung im Bindegewebe der Muskelfaszien und Aponeurosen und in den Muskelfasern wahrnehmen (BARKER, 1974). Die Ansätze der Muskelsehnen und der Muskelfaszien strahlen in das Bindegewebe von Gelenkkapseln und Bändern ein. Auch hier entstehen sensible Felder (POLACEK, 1966; HALATA und STRASMANN, 1990), in denen man wieder die drei typischen Mechanorezeptoren vorfindet: freie Nervenendigungen, Ruffinische und Pacinische Körperchen. Alle diese Komponenten sind sowohl für die räumliche Orientierung des Körpers (Kinästhesie) als auch für die Feinsteuerung der Muskelspannung verantwortlich. Die neueren Untersuchungen (STRASMANN und HALATA, 1988, 1989a und b; STRASMANN et al., 1990a und b), die die dreidimensionale Verteilung der Nervenendigungen in der Muskulatur, im perifaszialen und periartikulären Bindegewebe und in Gelenkkapseln des Ellenbogengelenkes der Ratte und von *Monodelphis domestica* darstellen, lassen vermuten, daß bestimmte Muskelabschnitte und Bindegewebsfelder, die besonders dicht innerviert sind, die Funktion eines propriozeptiven Tastapparates besitzen.

Glossar

Amphicyt – auch Satellitenzelle; Gliazelle, die Spinalganglienzelle und Ganglienzelle von sensiblen Hirnnervenganglien umhüllt.

Axolemma – zytoplasmatische Membran des Axons. Sie hat eine ähnliche Struktur wie die Zellmembran anderer Zellen. Ihre Struktur im Bereich von Ranvierschen Schnürringen (WAXMANN, 1972), in der paranodalen Region und im Bereich von Synapsen (PETERS et al., 1976) ist modifiziert.

Axon – efferenter Ausläufer der Neurone und afferenter und efferenter Ausläufer von pseudounipolaren Spinal- und Hirnganglienzellen. Wird überwiegend von einer Markscheide umgeben.

Axonterminale – auch terminales Axon. Das Ende eines sensiblen, afferenten Axons. Kommt verzweigt und unverzweigt vor. Die Terminalen weisen oft Verdickungen auf.

Endoneurium – Fortsetzung der Pia mater von Hirn und Rückenmark. Es wird gebildet von einem lockeren faserigen Bindegewebe mit Fibroblasten, Mastzellen, Blutgefäßen und kollagenen und elastischen Fibrillen.

Epineurium – äußere, bindegewebige Scheide eines peripheren Nervenfaszikels. Es ist die Fortsetzung der Dura mater von Hirn und Rückenmark.

Innenkolben – wird gebildet aus symmetrisch angeordneten, schmalen zytoplasmatischen Lamellen von terminalen Schwannschen Zellen. Der Innenkolben kann zwei symmetrische Längsspalten oder einen Spalt aufweisen, kann aber auch ohne Spalt vorkommen. Innenkolben befinden sich meistens in den Pacinischen oder Herbstschen Körperchen, sie können aber auch in den Genitalkörperchen vorkommen.

Internodium – die Länge einer Schwannschen Zelle mit ihrer Markscheide. Bei Säugetieren 0,5–2 mm lang.

Kapsel – kommt nur in einigen Typen der Nervenendigungen vor. Sie ist die Verlängerung des Perineuriums des peripheren Nerven und kann aus mehreren Schichten flacher perineuraler Zellen bestehen. Die Struktur ähnelt der des Perineuriums.

Lamelläre Zelle – IDE (1977) – ein Synonym für terminale Schwannsche Zelle im Pacinischen, Herbstschen, Meissnerschen und Ruffinischen Körperchen.

Myelinscheide – auch Markscheide. Die Myelinscheide wird von der zytoplasmatischen Membran der Schwannschen Zelle gebildet.

Nervenfaser – Axon einer Nervenzelle im peripheren Nerven mit Schwannscher Zelle und ihrer Basallamina.

Neurit – efferenter Ausläufer eines Neurons. In neuerer Literatur wird dieser Terminus nicht mehr benutzt (siehe Axon).

Neurilemma – Schwannsche Zelle mit ihrer Basalmembran. In der neueren Literatur wird dieser Terminus nicht mehr benutzt.

Perineurium – Verlängerung des Arachnothels von Hirn und Rückenmark. Besteht aus konzentrischen Schichten flacher epithelialer Zellen, deren Außenflächen von einer Basallamina bedeckt sind. Die Anzahl der Schichten ist von der Dicke der Nervenfaszikel und von der Entfernung vom ZNS abhängig. Funktionell ist das Perineurium eine Barriere für verschiedene wasserlösliche Stoffe.

Ranvierscher Schnürring – Grenze zwischen zwei benachbarten, ein Axon umhüllenden Schwannschen Zellen. Die Markscheide ist an diesen Stellen unterbrochen (siehe Internodium).

Remaksche Zelle – Gliazelle, die keine Markscheide bildet und ein oder mehrere periphere Axone in einem peripheren Nerven umhüllt. Ihre Länge wird auf 200–300 µm geschätzt.

Schwannsche Zelle – periphere Gliazelle, die 0,5–2 mm lang sein kann und eine Markscheide bildet (siehe Internodium und Ranvier'scher Schnürring).

Schwannsche Scheide – Schwannsche Zelle mit ihrer Basallamina. Der Terminus wird in der neueren Literatur nicht mehr benutzt.

Spiculae – fingerförmige Ausläufer der Nerventerminalen. Die Basallamina ist hier sehr schwach ausgeprägt oder fehlt vollständig.

Teloglia – CAUSEY (1960) – eine Bezeichnung für die terminale Glia (siehe terminale Schwannsche Zelle).

Terminale Schwannsche Zelle – auch modifizierte Schwannsche Zelle. Bildet, abhängig vom Typ der Nervenendigung, Innenkolben, Lamellensysteme oder eine unvollständige Hülle um die terminalen Axone.

Literatur

1. ABRAHAM, A. (1982): Localization and structure of the receptors in the snout skin of the european hedgehog (*Erinaceus europaeus*) at the level of light and electron microscopy. – Acta morph. Acad. Sci. Hung., **30**: 157–185.
2. ADAL, M. N. & D. BARKER (1962): Intramuscular diameters of afferent fibres in the rectus femoris muscle of the cat. – In D. BARKER (ed), Hong Kong University Press, Hong Kong, Symposium on Muscle Receptors: 249–256.
3. ADDICKS, H. W., J. SCHINDELMEISER & K. ADDICKS (1982): Innervation of the mucosa of rabbit maxillary sinus. I. Electron microscopic findings. – Acta otolaryngol., **94**: 345–350.
4. ADRIAN, E. D. & K. UMRATH (1929): The impulse discharge from the Pacinian corpuscle. – J. Physiol., **68**: 139–154.
5. AKOEV, G. N. (1981): Catecholamines, acetylcholine and excitability of mechanoreceptors. – Progress in Neurosci., **15**: 269–294.
6. AL-WALID, I., EL-BERMANI & T. L. CHANG (1979): Cobalt iontophoresis of sensory nerves in the rat lung. – Am. J. Anat., **154**: 277–282.
7. ALDSKOGIUS, H., E. KINNMAN & J. PERSSON (1986): Labeling of cutaneous sensory nerve endings with axonally transported horseradish peroxidase and wheat germ agglutinin-horseradish peroxidase conjugate: a methodological study. – J. Neurosci. Methods, **15**: 281–294.
8. ANDRES, K. H. (1966): Über die Feinstruktur der Rezeptoren an Sinushaaren. – Z. Zellforsch., **75**: 339–365.
9. ANDRES, K. H. (1969): Zur Ultrastruktur verschiedener Mechanorezeptoren von höheren Wirbeltieren. – Anat. Anz., **124**: 551–565.
10. ANDRES, K. H. & M. VON DÜRING (1973): Morphology of cutaneous receptors. – In H. AUTRUM, R. JUNG, W. R. LOEWENSTEIN, and D. M. MACKAY (eds), Springer, Berlin, New York, Handbook of sensory Physiology: 3–28.
11. ANDRES, K. H. & M. VON DÜRING (1984): The Platypus bill. A structural and functional model of a pattern-like arrangement of different cutaneous sensory receptors. – In W. HAMANN and A. IGGO (eds), World Scientific Publ. Co., Singapore, Sensory Receptor Mechanisms: 81–89.
12. ANDRES, K. H., M. von DÜRING, A. IGGO & U. PROSKE (1991): The anatomy and fine structure of the echidna Tachyglossus aculeatus snout with respect to its different trigeminal sensory receptors including electroreceptors. – Anat. Embryol., **184**: 371–393.
13. ANDRES, K. H., M. VON DÜRING, W. JAENIG R. F. SCHMIDT (1985): Degeneration patterns of postganglionic fibers following sympathectomy. – Anat. Embryol., **172**: 133–143.
14. ANDRES, K. H., M. VON DÜRING & R. F. SCHMIDT (1985): Sensory innervation of the Achilles tendon by group III and IV afferent fibres. – Anat. Embryol., **172**: 145–156.
15. ANDRES, K. H., M. VON DÜRING, K. MUSZYNSKI & R. F. SCHMIDT (1987): Nerve fibres and their terminals of the dura mater encephali of the rat. – Anat. Embryol., **175**: 289–301.
16. ARENDT, K.-W. & G. ASMUSEN (1974): Die Anzahl und die Verteilung von Muskelspindeln im M. triceps surae der Ratte. – Anat., Anz., **136**: 207–216.
17. BANKS, R. W. (1971): Histochemical studies on rabbit intrafusal fibres. – J. Anat. (London), **108**: 613.
18. BARKER, D. (1948): The innervation of the muscle-spindle. – Quart. J. micr. Sci., **89**: 143–186.
19. BARKER, D. (1967): The innervation of mammalian skeletal muscle. – In A. V. S. DE REUCK and J. KNIGHT (eds), Churchill, London, Ciba Foundation Symposium on Myotactic, Kinesthetic and Vestibular Mechanisms: 3–15.
20. BARKER, D. (1974): The morphology of muscle receptors. – In C. C. HUNT (ed), Springer, Heidelberg, New York, Handbook of Sensory Physiology, Muscle Receptors: 2–190.
21. BARKER, D. & A. MILBURN (1982): Development of cat muscle spindles. – J. Physiol. (London) **325**: 85A.
22. BARKER, D. & A. MILBURN (1984): Development and regeneration of mammalian muscle spindle. – Sci. Progr. (Oxford), **69**: 45–64.
23. BAUM, J. (1900): Beiträge zur Kenntnis der Muskelspindeln. – Anat. Hefte, **13**: 250–305.
24. BECKERS, H. W. (1975): Zur Morphologie der *Papilla fungiformis* einiger Primaten und des Menschen. – Adv. Anat. Embryol. Cell Biol., **50**: 1–55.
25. BENKENSTEIN, M. (1979): Veränderung der Ultrastruktur der Merkelschen Nervenendigungen an Sinushaaren von Ratten nach Denervation. – Acta Anat. (Basel), **105**: 409–422.
26. BERTHOLD, C.-H. (1978): Morphology of normal peripheral axons. In S. G. WAXMAN (ed), Raven Press, New York, Physiology and Pathobiology of Axons: 3–63.
27. BIELSCHOWSKY, M. (1907): Über sensible Nervenendigungen in der Haut zweier Insectivoren. – Anat. Anz., **31**: 187–196.
28. BIEMESDERFER, D., B. L. MUNGER, J. BINCK R. DUBNER (1978): The pilo-Ruffini complex: a non-sinus hair and associated slowly-adapting mechanoreceptor in primate facial skin. – Brain Res., **142**: 197–222.
29. BJORKLUND, H., C.-J. DALSGAARD, C.-E. JONSSON & A. HERMANSSON (1986): Sensory and autonomic innervation of non-hairy and hairy human skin. An immunohistochemical study. – Cell Tiss. Res., **243**: 51–57.
30. BÖCK, P. (1971): Demonstration intraepithelialer Axone in der Papilla filiformis des Meerschweinchens. Acta Anat. (Basel), **79**: 225–238.
31. BÖCK, P. (1974): Elektronenmikroskopischer Nachweis intraepithelialer Axone in der Epidermis des Augenlids beim Meerschweinchen. – Acta Anat. (Basel), **88**: 93–104.
32. BOEKE, J. (1925): Die intrazelluläre Lage der Nervenendigungen im Epithelgewebe und ihre Beziehung zum Zellkern. – Z. mikr.-anat. Forsch, **2**: 391–428.
33. BOEKE, J. (1926): Die Beziehung der Nervenfasern zu den Bindegewebselementen und Tastzellen. – Z. mikr.-anat. Forsch, **4**: 448–509.
34. BOEKE, J. (1932): Nerve endings, motor and sensory. – In W. PENFIELD (ed), Hoerber, New York, Cytology and cellular pathology of the nervous system: 243–315.
35. BOEKE, J. (1933 a): Innervationsstudien. I. Noch einmal die intrazelluläre Lage der Nervenfasern und der Endknöpfchen im Epithel. – Z. mikr.-anat. Forsch, **33**: 30–46.
36. BOEKE, J. (1933 b): Innervationsstudien. II. Über Bau und Entwicklung des Eimerschen Organs in der Schnauze des Maulwurfs (*Talpa europaea*). – Z. mikr.-anat. Forsch, **33**: 47–90.
37. BOEKE, J. (1934): II. Niedere Sinnesorgane. 1. Freie Nervenendigungen und Endorgane sensibler Nerven. – In: BOLK et al. (eds), Urban & Schwarzenberg, Berlin, Handbuch der vergleichenden Anatomie der Wirbeltiere. Band 2., 2. Hälfte: 855–878.
38. BOEKE, J. (1940): Problems of nervous anatomy. – University Press, Oxford.

39. Bohringer, R. (1976): Bill receptors in the platypus *Ornithorhynchus anatinus*. – J. Anat. (London), **121**: 417.
40. Bohringer, R.C. (1981): Cutaneous receptors in the bill of the platypus (*Ornithorhynchus anatinus*). – Austr. Mam., **4**: 93–95.
41. Bolton, C.F., R.K. Winkelmann & P.J. Dyck (1966): A quantitative study of Meissners corpuscles in man. – Neurology (Minneap.), **16**: 1–9.
42. Bonnet, R. (1878): Studien über die Innervation der Haarbälge der Haustiere. – Morph. Jb., **4**: 329–395.
43. Botezat, E. (1902a): Die Nervenendigungen in der Schnauze des Hundes. – Geg. morp. Jb., **29**: 439–449.
44. Botezat, E. (1902b): Über das Verhalten der Nerven im Epithel der Säugetierzunge. – Z. wiss. Zool., **71**: 211–220.
45. Botezat, E. (1903): Über epidermoidale Tastapparate in der Schnauze des Maulwurfs und anderer Säugetiere mit besonderer Berücksichtigung derselben für die Phylogenie der Haare. – Arch. mikr. anat. Entw. Gesch., **61**: 730–764.
46. Botezat, E. (1907): Die fibrilläre Struktur von Nervenendapparaten in Hautgebilden. – Anat. Anz., **30**: 321–344.
47. Botezat, E. (1908): Die Nerven der Epidermis. – Anat. Anz., **33**: 45–75.
48. Botezat, E. (1912a): Die Apparate des Gefühlssinnes der nackten und behaarten Säugetierhaut, mit Berücksichtigung des Menschen. – Anat. Anz., **42**: 193–205.
49. Botezat, E. (1912b): Die Apparate des Gefühlssinnes der nackten und behaarten Säugetierhaut, mit Berücksichtigung des Menschen. – Anat. Anz., **42**: 273–318.
50. Bowden, R.E.M. & Z.Y. Mahran (1956): The functional significance of the pattern of innervation of the muscle *quadratus labii superioris* of the rabbit, cat and rat. – J. Anat. (London), **90**: 217–227.
51. Boyd, I.A. (1954): The histological structure of the receptors in the knee-joint of the cat correlated with their physiological response. – J. Physiol. (London), **124**: 476–488.
52. Boyd, I.A. (1959): Simple and compound mammalian muscle spindles. – J. Physiol. (London), **145**: 55–56.
53. Boyd, I.A. (1960): The diameter and distribution of the nuclear bag und nuclear chain muscle fibres in the muscle spindle of the cat. – J. Physiol. (London), **153**: 23–24.
54. Boyd, I.A. (1962): The structure and innervation of the nuclear bag muscle fibre system and the nuclear chain muscle fibre system in mammalian muscle spindles. – Phil. Trans. B, **245**: 81–136.
55. Boyd, I.A. & M.R. Davey (1968): Composition of peripheral nerves. – Livingstone, Edinburgh, London.
56. Boyd, I.A., M.H. Gladden, D. Halliday & M. Dickson (1988): Stroboscopic cinematographic and videorecording of dynamic bag 1 fibres during rapid stretching of isolated cat muscle spindles. – In: P. Hnik, T. Soukup, R. Vejsada, and J. Zelena (eds), Plenum Press, New York and London, Mechanoreceptors. Development, Structure and Function: 215–220.
57. Boyd, I.A. & T.D. Roberts (1953): Proprioceptive descharges from stretch-receptors in the knee joint of the cat. – J. Physiol. (London), **122**: 38–58.
58. Breathnach, A.S. (1971): Embryology of human skin. A review of ultrastructural studies. – J. inv. Derm., **57**: 133–143.
59. Breathnach, A.S. (1977a): Freeze-fracture replication of peripheral nerve. – In: G. Lassmann, W. Jurekka, and G. Niebauer (eds), Verband wiss. Gesellschaften, Wien, Struktur und Pathologie des Hautnervensystems: VII/1–VII/7.
60. Breathnach, A.S. (1977b): Electron microscopy of cutaneous nerves and receptors. – J. Invest. Dermatol., **69**: 8–26.
61. Breathnach, A.S. & J. Robins (1970): Ultrastructural observation on Merkel cells in human foetal skin. – J. Anat. (London), **106**: 411.
62. Brenowitz, G.L., C.D. Tweedle J.I. Johnson (1980): The development of receptors in the glabrous forepaw skin of pouch young oppossums. – Neurosci., **5**: 1303–1310.
63. Bridgman, C.F. (1968): The structure of tendon organs in the cat: a proposed mechanism for responding muscle tension. – Anat. Rec., **162**: 209–220.
64. Bridgman, C.F. (1970): Comparison in structure of tendon organs in the cat, rat and man. – J. comp. Neurol., **138**: 369–372.
65. Bruce, M.F. (1980): The relation of tactile thresholds to histology in the fingers of elderly people. – J. Neurology, Neurosurgery, and Psychiatry, **43**: 730–734.
66. Bruce, M.F. & D.C. Sinclair (1980): The relationship between tactile thresholds and histology in the human finger. – J. Neurology, Neurosurgery, and Psychiatry, **43**: 235–242.
67. Buisseret, C., R. Bauchot & F. Allizard (1976): L'equipement sensoriel de la trompe du Desman des Pyrenees (*Galemys pyrenaicus*, Insectivores Talpidae). Etude en microscopie electronique. – J. de Microscopie et de Biologie Cellulaire, **25**: 259–264.
68. Burgess, P.R. & F.J. Clark (1969): Characteristics on knee joint receptors in the cat. – J. Physiol., **203**: 317–335.
69. Burkel, W.E (1966): Perineurium, endoneurium and tissue space in peripheral nerve. – Anat. Rec., **154**: 325–349.
70. Burkel, W.E. (1967): The histological fine structure of perineurium. – Anat. Rec., **158**: 177–190.
71. Byers, M.R. (1984): Dental sensory receptors. – Int. Rev. Neurobiol., **25**: 39–94.
72. Byers, M.R. (1985): Sensory innervation of periodontal ligament of rat molars consists of unencapsulated Ruffini-like mechanoreceptors and free nerve endings. – J. comp. Neurol., **231**: 500–518.
73. Castano, P. (1974): Further observations on the Wagner-Meissners corpuscle of man. An ultrastructural study. – J. Submicr. Cytol., **6**: 327–337.
74. Castano, P. & R.G. Ventura (1978): The Meissners corpuscle of green monkey (*Cercopithecus aethiops* L.) I. The organisation of the nervous component. – J. Submicr. Cytol., **10**: 327–344.
75. Castano, P. & R.G. Ventura (1979): The Meissners corpuscle of the green monkey (*Cercopithecus aethiops* L.). – J. Submicr. Cytol., **11**: 185–191.
76. Cattaneo, A. (1888): Sugli organi nervosi terminali muscolotendinei in condizioni normal e sul loro modo di comportarsi in sequito al taglio delle radici nervose e dei nervi spinali. – Memorie della R. Accademia delle Science di Torino, **38**: 237–256.
77. Cauna, N. (1953): Some observations on the structure and development of Meissners corpuscles. – J. Anat. (London), **87**: 440–441.
78. Cauna, N. (1954): Nature and functions of the papillary ridges of the digital skin. – Anat. Rec., **119**: 449–468.
79. Cauna, N. (1956a): Nerve supply and nerve endings of Meissners corpuscles. – Amer. J. Anat., **99**: 315–350.
80. Cauna, N. (1956b): Structure and development of the capsule of Meissners corpuscle. – Anat. Rec., **124**: 77–94.
81. Cauna, N. (1958): Structure of the digital touch corpuscles. – Acta Anat. (Basel), **32**: 1–23.
82. Cauna, N. (1959): The mode of termination of the sensory nerves and its significance. – J. comp. Neurol., **113**: 169–209.
83. Cauna, N. (1962): Functional significance of the submicroscopical, histochemical and microscopical organisation of the cutaneous receptor organs. – Erg. H. Anat. Anz., **111**: 181–197.
84. Cauna, N. (1966): Fine structure of the receptor organs and its probable functional significance. – In: A.V.S. de Reuck (ed), I. A. Churchill Ltd., London, Touch, heat and pain. Ciba Found. Symp.: 117–127.
85. Cauna, N. (1973): The free penicillate nerve endings

of the human hairy skin. – J. Anat. (London), **115**: 277–288.

86. CAUNA, N. (1977): Fine morphological changes in the penicillate nerve endings of human hairy skin during prolonged itching. – Anat. Rec., **188**: 1–12.
87. CAUNA, N. (1980): Fine morphological characteristics and microtopography of the free nerve endings of the human digital skin. – Anat. Rec., **198**: 643–656.
88. CAUNA, N. & P. ALBERTI (1961): Nerve supply and distribution of cholinesterase activity in the external nose of the mole. – Z. Zellforsch., **54**: 158–166.
89. CAUNA, N. & G. MANNAN (1957a): Observations on the structure of digital Pacinian corpuscles (Corpuscula lamellosa). – J. Anat. (London), **91**: 574–575.
90. CAUNA, N. & G. MANNAN (1957b): Development and age changes of human digital Pacinian corpuscles (Corpuscula lamellosa). – J. Anat. (London), **91**: 592–593.
91. CAUNA, N. & G. MANNAN (1958): The structure of human digital Pacinian corpuscles (Corpuscula lamellosa) and its functional significance. – J. Anat. (London), **92**: 1–20.
92. CAUNA, N. & G. MANNAN (1959): Development and postnatal changes of digital Pacinian corpuscles (Corpuscula lamellosa) in the human hand. – J. Anat. (London), **93**: 271–286.
93. CAUNA, N. & L. L. ROSS (1960): The fine structure of Meissners touch corpuscles of human fingers. – J. biophys. biochem. – Cytol., **8**: 467–482.
94. CAUSEY, G. (1960): The Cell of Schwann. – E. & S. Livingstone, Ltd., Edinburgh.
95. CAZZATO, G. & J. N. WALTON (1968): The pathology of the muscle spindle. A study of biopsy material in various muscular and neuromuscular diseases. – J. neurol. Sci., **7**: 15–70.
96. CEELEN, W. (1912): Über das Vorkommen von Vater-Pacinischen Körperchen am menschlichen Pancreas. – Arch. path. Anat., **208**: 460–472.
97. CHAMBERS, M. R., K. H. ANDRES, M. VON DÜRING & A. IGGO (1972): The structure and function of the slowly adapting type II mechanoreceptor in hairy skin. – Quart. J. Experiment. Physiol., **57**: 417–445.
98. CHEN, S. Y., S. GERSON & J. MEYER (1973): The fusion of Merkel cell granules with a synapse-like structure. – J. Invest. Dermatol., **61**: 290–292.
99. CHOUCHKOV, N. C. (1971a): The blood supply of Vater-Pacini corpuscles. – Acta medica (Sofia), **50**: 1–7.
100. CHOUCHKOV, N. C. (1971b): Ultrastructure of Pacinian corpuscles in men and cats. – Z. mikr.-anat. Forsch., **83**: 17–32.
101. CHOUCHKOV, N. C. (1972): On the fine structure of free nerve endings in human digital skin, oral cavity and rectum. – Z. mikr.-anat. Forsch., **86**: 273–288.
102. CHOUCHKOV, N. C. (1978): Cutaneous Receptors. – Adv. Anat. Embryol., **54**: 1–86.
103. CHOUCHKOV, N. C. & W. WASSILEV (1972): Ultrastrukturelle Besonderheiten der Vater-Pacinischen Rezeptoren bei der Dupuytrenschen Kontraktur. – Arch. orthop. Unfall-Chir., **72**: 235–244.
104. CIACCIO, G. V. (1891): Sur les plaques nerveuses finales dans les tendons des vertebres. – Archives Italiennes de Biologie, **14**: 31–57.
105. COOPER, S. & P. M. DANIEL (1956): Human muscle spindles. – J. Physiol., **133**: 1–3.
106. COOPER, S. & P. M. DANIAL (1963): Muscle spindles in man: their morphology in the lumbricals and the deep muscles of the neck. – Brain, **86**: 563–586.
107. CORRYLOS, P. (1913): Corpuscles de Pacini dans la trompe uterine. – Rev. franc. de gynecol. et d'obstetr., **27**: 257–262.
108. CORVAJA, N., & P. C. MAGHERINI O. POMPEIANO (1967): Close apposition and junctions of plasma membranes of intrafusal muscle fibers in mammalian muscle spindles. – Pflügers Arch. Gen. Physiol., **296**: 337–345.
109. CREVATIN, F. (1901): Über das strudelartige Geflecht der Hornhaut der Säugetiere. – Anat. Anz., **19**: 411–413.
110. CROWE, R. & M. WHITEAR (1978): Quinacrine fluorescence of Merkel cells in *Xenopus laevis*. – Cell Tiss. Res., **190**: 273–283.
111. CUAJUNCO, F. (1927): Embryology of the neuromuscular spindle. – Contr. Embryol. Carneg. Instn., **19**: 45–72.
112. CUAJUNCO, F. (1940): Development of the neuromuscular spindle in human fetuses. – Contr. Embryol. Carneg. Instn., **28**: 95–128.
113. CUELLO, A. C., M. DEL FIACCO G. PAXINOS (1978): The central and peripheral ends of the substance P-containing sensory neurons in the rat trigeminal system. – Brain Res., **152**: 499–509.
114. CYBULSKY, I. (1883): Das Nervensystem der Schnauze und der Oberlippe des Ochsen. – Z. wiss. Zool., **39**: 18–32.
115. DALSGAARD, C.-J., H. BJORKLUND, C.-E. JONSSON, A. HERMANSSON & D. DAHL (1984): Distribution of neurofilament-immunoreactive nerve fibers in human skin. – Histochemistry, **81**: 111–114.
116. DALSGAARD, C.-J., C.-E. JONSSON, T. HOKFELT & A. C. CUELLO (1983): Localization of substance P-immunoreactive nerve fibers in the human digital skin. – Experientia, **39**: 1018–1020.
117. DAS, R. M., P. K. JEFFERY & J. G. WIDDICOMBE (1977): The structure and function of intra-epithelial nerve fibres of the respiratory tract in the cat. – J. Physiol. (London), **270**: 39P–40P.
118. DAS, R. M., P. K. JEFFERY & J. G. WIDDICOMBE (1978): The epithelial innervation of the lower respiratory tract of the cat. – J. Anat. (London), **126**: 123–131.
119. DAS, R. M., P. K. JEFFERY & J. G. WIDDICOMBE (1979): Experimental degeneration of intra-epithelial nerve fibres in cat airways. – J. Anat. (London), **128**: 259–267.
120. DASTUR, D. K. (1955): Cutaneous nerves in leprosy. The relationship between histopathology and cutaneous sensibility. – Brain, **78**: 615–633.
121. DEVANANDAN, M. S., S. GOSH & K. T. JOHN (1983): A quantitative study of muscle spindles and tendon organs in some intrinsic muscles of the hand in the Bonnet Monkey (*Macaca radiata*). – Anat. Rec., **207**: 263–266.
122. DOGIEL, A. S. (1891): Die Nervenendigungen in Tastkörperchen. – Arch. Anat. Physiol., anat. Abt.: 182–192.
123. DOGIEL, A. S. (1902): Die Nervenendigungen im Bauchfell, in den Sehnen, den Muskelspindeln und dem Centrum tendineum des Diaphragmas beim Menschen und bei Säugetieren. – Arch. mikr. Anat., **59**: 1–31.
124. DOGIEL, A. S. (1903): Über die Nervenapparate in der Haut des Menschen. – Z. wiss. Zool., **75**: 46–110.
125. DUBOVY, P. & L. MALINOVSKY (1986): The topography of capillaries in two different types of sensory nerve endings and some ultrastructural features of their wall. – Z. mikrosk.-anat. Forsch., **100**: 577–587.
126. DÜRING VON, M. (1973a): The ultrastructure of cutaneous receptors in the skin of *Caiman crocodilus*. – Rheinisch-Westfälische Akademie der Wissenschaften, **53**: 123–134.
127. DÜRING VON, M. (1973b): The ultrastructure of lamellated mechanoreceptors in the skin of reptiles. – Z. Anat. Entwickl.-Gesch., **143**: 81–94.
128. DÜRING VON, M. (1974): The radial heat receptor and other tissue receptors in the scales of the upper jaw of *Boa constrictor*. – Z. Anat. Entwickl.-Gesch., **145**: 299–319.
129. DÜRING VON, M. & K. H. ANDRES (1969): Die Feinstruktur der Muskelspindeln von Mammalia. – Anat. Anz., **124**: 566–573.
130. DÜRING VON, M., K. H. ANDRES J. IRAVANI (1974): The fine structure of the pulmonary stretch receptor in the rat. – Z. Anat. Entwickl. Gesch., **143**: 215–222.

131. DÜRING VON, M., K.H. ANDRES & R.F. SCHMIDT (1984): Ultrastructure of fine afferent fibre terminations. – In: W. HAMANN and A. IGGO (eds), World Scientific Publ. Co, Singapore, Sensory Receptor Mechanisms: 15–23.
132. DYCK, P.J., R.K. WINKELMANN & C.F. BOLTON (1966): Quantitation of Meissners corpuscles in hereditary neurologic disorders. – Neurology (Minneap.), **16**: 10–17.
133. DYKES, R.W. (1982): Parallel processing of cutaneous information in the somatosensory system of the cat. – Le Journal Canadien des Sciences Neurologiques, **9**: 10–19.
134. DYKES, R.W. (1983): Parallel processing of somatosensory information: a theory. – Brain Res. Rev., **6**: 47–115.
135. EIMER, T. (1871): Die Schnauze des Maulwurfes als Tastwerkzeug. – Arch. mikrosk. Anat., **7**: 181–201.
136. EKLUND, G. & S. SKOGLUND (1960): On the specificity of the Ruffini like joint receptors. – Acta Physiol. Scand., **49**: 184–191.
137. ELDRED, E., C.F. BRIDGMAN, J.E. SWETT & B. ELDRET (1962): Quantitative comparison of muscle receptors of the cat's medial gastrocnemius, soleus and extensor digitorum brevis muscle. – In: D. BARKER (ed), Hong Kong University Press, Hong Kong, Symposium on Muscle Receptors: 207–213.
138. ELDRED, E., H. YELLIN, L. GADBOIS & S. SWEENEY (1967): Bibliography on muscle receptors; their morphology, pathology and physiology. – Exp. Neurol. Suppl. 3: 1–126.
139. ENGLISH, K.B. (1974): Cell types in cutaneous type I mechanoreceptors (Haarscheiben) and their alterations with injury. – Am. J. Anat., **141**: 105–126.
140. ENGLISH, K.B. (1977a): The ultrastructure of cutaneous type I mechanoreceptors (Haarscheiben) in cats following denervation. – J. comp. Neurol., **172**: 137–164.
141. ENGLISH, K.B. (1977b): Morphogenesis of Haarscheiben in rat. – J. Invest. Dermatol., **69**: 58–67.
142. ENGLISH, K.B., P.R. BURGESS & D. KAVKA-VANNORMAN (1980): Development of rat Merkel cells. – J. comp. Neurol., **194**: 475–496.
143. FISCHER, E. (1876): Über den Bau der Meissnerschen Tastkörperchen. – Arch. mikr. Anat., **12**: 364–390.
144. FITZGERALD, M. (1983): Capsaicin and sensory neurones. – Pain, **15**: 109–130.
145. FITZGERALD, M.J.T. (1961): Developmental changes in epidermal innervation. – J. Anat. (London), **95**: 495–514.
146. FITZGERALD, M.J.T., A.H. SAAID & S.G. JENNINGS (1984): Experimental behaviour of touch domes (Haarscheiben). – Acta Anat. (Basel), **120**: 25.
147. FOX, B., T.B. BULL & A. GUZ (1980): Innervation of alveolar walls in the human lung: an electron microscopic study. – J. Anat. (London), **131**: 683–692.
148. FREEMAN, M.A.R. & B. WYKE (1967): The innervation of the knee joint. An anatomical and histological study in the cat. – J. Anat., **10**: 505–532.
149. FUJITA, T. (1977): Concept of paraneurons. – Arch. histol. jap., **40**, Suppl.: 1–12.
150. GARNDER, E. (1950): Physiology of movable joints. – Physiol. Rev., **30**: 127. 176.
151. GILL, H.L. (1971): Neuromuscular spindles in human lateral pterygoid muscles. – J. Anat. (London), **109**: 157–167.
152. GOETHE, J. (1976): Die intraepithelialen Nervenfasern im Vestibulum nasi der Kleinfledermäuse, dargestellt an Hand der Osmium-Zink-Jodid-Methode nach Maillet. – Z. mikr.-anat. Forsch., **72**: 383–402.
153. GOGLIA, G. & M. SANTANIELLO (1970a): La differenze ultrastrutturali tra i corpuscoli di Pacini dei cuscinetti plantari e digitali e quelli del mesentere del gatto. – Acta Med. Rom., **8**: 71–80.
154. GOGLIA, G. & M. SANTANIELLO (1970b): Ricerche ultrastrutturali sopra la innervazione del planum nasolabiale del gatto. – Acta Med. Rom., **8**: 88–102.
155. GOGLIA, G., M. SANTANIELLO & B. PORFIRI (1970): Ricerche ultrastrutturali sopra l'organo di Eimer della talpa. – Acta Med. Rom., **8**: 103–116.
156. GOGLIA, G. & A. SKLENSKA (1969): Ricerche ultrastrutturali sopra i corpuscoli di Ruffini delle capsule articolari nel coniglio. – Quad. Anat. Prat., **25**: 14–27.
157. GOLGI, C. (1878): Della terminazione del nerve nei tendini e di un nuovo apparato nervoso terminale musculotendinea. – Soc. Ital. Atti (Milano), **21**: 464–485.
158. GOLGI, C. (1880): Sui nervi dei tendini dell' uomo e di atri vertebrati e di un nuovo organo nervoso terminale musculotendineo. – Mem. Roy. Acad. Sci. Torino, **32**: 359–385.
159. GOTTSCHALDT, K.-M. (1973): Mechanorezeptoren als Grundlage des Tastsinnes. – Biologie in unserer Zeit, **3**: 184–190.
160. GOTTSCHALDT, K.-M. (1974): The physiological basis of tactile sensibility in the beak of geese. – J. comp. Physiol., **95**: 29–47.
161. GOTTSCHALDT, K.-M., H. FRUHSTORFER, W. SCHMIDT I. KRAEFT (1982): Thermosensitivity and its possible fine-structural basis in mechanoreceptors in the beak skin of geese. – J. comp. Neurol., **205**: 219–245.
162. GOTTSCHALDT, K.-M., A. IGGO & D.W. YOUNG (1973): Functional characteristics of mechanoreceptors in sinus hair follicles of the cat. – J. Physiol. (London), **235**: 287–315.
163. GOTTSCHALDT, K.-M. & S. LAUSMANN (1974): Mechanoreceptors and their properties in the beak skin of geese (*Anser anser*). – Brain Res., **65**: 510–515.
164. GOTTSCHALDT, K.-M. & C. VAHLE-HINZ (1981): Merkel cell receptors: structure and transducer function. – Science, **214**: 183–186.
165. GOTTSCHALDT, K.-M. & C. VAHLE-HINZ (1982): Evidence against transmitter function of met-enkephalin and chemosynaptic impulse generation in „Merkel cell“ mechanoreceptors. – Exp. Brain Res., **45**: 459–463.
166. GRANDRY, M. (1869): Recherches sur les corpuscles de Pacini. – J. Anat. Physiol., **6**: 390–395.
167. GRAY, J.A.B. (1960): Pacini and his corpuscles. – Le Sperimentale, **110**: 372–392.
168. GRAY, J.A.B. & P.B.C. MATTHEWS (1951): Response of Pacinian corpuscles in the cat's toe. – J. Physiol., **113**: 475–482.
169. GREGORY, J.E., A. IGGO, A.K. MCINTYRE & U. PROSKE (1987): Electroreceptors in the Platypus. – Nature, **326**: 387–388:
170. GREGORY, J.E., & A. IGGO, A.K. MCINTYRE & U. PROSKE (1988): Receptors in the bill of platypus. – J. Physiol., **400**: 349–366.
171. GREGORY, J.E., A. IGGO, A.K. MCINTYRE & U. PROSKE (1989): Responses of electroreceptors in the snout of echidna. – J. Physiol., **414**: 521–538.
172. GRIGG, P. & A.H. HOFFMAN (1982): Properties of Ruffini afferents revealed by stress analysis of isolated sections of knee capsule. – J. Neurophysiol., **47**: 41–54.
173. GRIGG, P. & A.H. HOFFMAN (1984): Ruffini mechanoreceptors in isolated joint capsule: response correlated with strain energy density. – Somatosens. Res., **2**: 149–162.
174. GU, J., J.M. POLAK, F.J. TAPIA, P.J. MARANGOS & A.G.E. PEARSE (1981): Neuron-specific enolase in the Merkel cell of mammalian skin. – Amer. J. Pathol., **104**: 63–68.
175. GUTMANN, E. (1970): Schnelle und langsame Muskeln. – Ärztl. Forsch., **6**: 157–167.
176. HABURA, O., K. UNSICKER & U. ZWARG (1976): Lamellated sensory nerve endings in guinea-pig adrenals. – Experientia, **32**: 1457–1458.
177. HAGBARTH, K.E. & G. WOHLFART (1952): The number of muscle spindles in certain muscles in the cat

in relation to composition of the muscle nerves. – Acta Anat. (Basel), **15**: 85–104.

178. HAGEN, E. (1968): Zur Innervation der Haut. – In: Springer, Berlin, Heidelberg, Handbuch der Haut- und Geschlechtskrankheiten, Bd. I/1: 377–429.
179. HAGEN, E. & S. WERNER (1966a): Beobachtungen an der Ultrastruktur epidermaler und subepidermaler Nerven vor und nach Roentgenbestrahlung. I. Mitteilung. – Arch. klin. exp. Derm., **225**: 306–327.
180. HAGEN, E. & S. WERNER (1966b): Beobachtungen an der Ultrastruktur epidermaler und subepidermaler Nerven vor und nach der Roentgenbestrahlung. – Arch. klin. exp. Derm., **225**: 328–334.
181. HAGEN, E. & S. WERNER (1967): Zur Ultrastruktur des Nervensystems in der Haut. – Erg. H. z. Anat. Anz., **120**: 277–288.
182. HALATA, Z. (1970): Zu den Nervenendigungen (Merkelsche Endigungen) in der haarlosen Nasenhaut der Katze. – Z. Zellforsch., **106**: 51–60.
183. HALATA, Z. (1971a): Innervation der unbehaarten Nasenhaut des Maulwurfs (*Talpa europaea*). II. Innervation der Dermis (einfache eingekapselte Körperchen). – Z. Zellforsch., **125**: 121–131.
184. HALATA, Z. (1971b): Innervation der unbehaarten Nasenhaut des Maulwurfs (*Talpa europaea*). I. Intraepidermale Nervenendigungen. – Z. Zellforsch., **125**: 108–120.
185. HALATA, Z. (1973): Über Zusammenhänge zwischen der Hautoberfläche und dem Tastapparat der Haut bei verschiedenen Säugern. – Verh. Anat. Ges., **67**: 459–466.
186. HALATA, Z. (1975): The mechanoreceptors of the mammalian skin. Ultrastructure and morphological classification. – Adv. Anat. Embryol. Cell Biol., **50**: 1–77.
187. HALATA, Z. (1977a): The ultrastructure of the sensory nerve endings in the articular capsule of the knee joint of the domestic cat (Ruffini corpuscles and Pacinian corpuscles). – J. Anat. (London), **124**: 717–729.
188. HALATA, Z. (1977b): Die Merkelsche Zelle in der Dermis der behaarten menschlichen Haut. – In: G. LASSMANN, W. JURECKA, and G. NIEBAUER (eds), Wissenschaft. Gesellschaft Wien, Wien, Wiener Symposium, Struktur und Pathologie des Hautnervensystems: XIX.
189. HALATA, Z. (1979a): Spezifische Innervation. – In C. E. ORFANOS (ed), Gustav Fischer Verlag, Stuttgart, New York, Haar und Haarkrankheiten: 123–136.
190. HALATA, Z. (1979b): Die Innervation der Haarfollikel verschiedener Säugetiere und des Menschen. – Verh. Anat. Ges., **73**: 983–988.
191. HALATA, Z. (1980): Sensory innervation of various hair follicles. – In: R. I. C. SPEARMAN and P. A. RILEY (eds), Linnean Society Symposium, Skin of Vertebrates: 303–308.
192. HALATA, Z. (1981): Postnatale Entwicklung sensibler Nervenendigungen in der unbehaarten Nasenhaut der Katze. – Bibliotheca anat., **19**: 210–235.
193. HALATA, Z. (1984): The sensory innervation of the skin of the glans penis in man. (An ultrastructural study). – In: W. HAMANN and A. IGGO (eds), World Scientific Publ. Co., Singapore, Sensory Receptor Mechanisms: 67–79.
194. HALATA, Z. (1988): Ruffini corpuscle – a stretch receptor in the connective tissue of the skin and locomotion apparatus. – In: W. HAMANN and A. IGGO (eds), Progress in Brain Research: 221–229.
195. HALATA, Z. (1990a): Specific nerve endings in vellus hair, guard hair, and sinus hair. – In: C. E. ORFANOS and R. HAPPLE (eds), Springer, Berlin, New York, Hair and Hair Diseases: 149–164.
196. HALATA, Z. (1990b): Sensory innervation of the hairless and hairy skin in mammals including humans. – In: W. ZENKER and W. NEUHUBER (eds), Plenum Publishing Corporation, New York, The primary afferent neuron: 19–34.
197. HALATA, Z., M. A. BADALAMENTE, R. DEE & M. PROPPER (1984): Ultrastructure of sensory nerve endings in monkey (*Macaca fascicularis*) knee joint capsule. – J. Orthopedic Res., **2**: 169–176.
198. HALATA Z. & K. BONORDEN-KLEIJ (1988): Ultrastructure of sensory nerve endings in glans and praeputium penis in man. – In: A. F. HOLSTEIN, F. LEIDENBERGER, K. H. HÖLZER & G. BETTENDORF (eds), Diesbach Verlag, Berlin, Carl Schirren Symposium: Advances in Andrology: 141–145.
199. HALATA Z. & H.-P. GROTH (1976): Innervation of the synovial membrane of cat knee joint capsule. – Cell Tiss. Res., **169**: 415–418.
200. HALATA, Z. & J. HAUS (1989): The ultrastructure of sensory nerve endings in human anterior cruciate ligament. – Anat. Embryol., **179**: 415–421.
201. HALATA, Z., R. JOHNSON, R. KITCHELL & T. STRASMANN (1988): The ultrastructure of sensory nerve endings in the penis of the goat. – In: P. HNIK, T. SOUKUP, R. VEJSADA and J. ZELENA (eds), Plenum Publishing Corporation, Mechanoreceptors: 319–324.
202. HALATA, Z. & S. K. LOO (1985): Sensory nerve endings in marsupial facial skin. – In: H.-R. DUNCKER and G. FLEISCHER (eds), Gustav Fischer Verlag, Stuttgart, New York, Functional morphology in vertebrates: proceedings of the 1st Internat. Symposium on Vertebrate Morphology, Giessen 1983: 491–494.
203. HALATA, Z. & S.K. LOO (1987): Die Ultrastruktur sensibler Nervenendigungen der behaarten Gesichtshaut von zwei australischen Beuteltieren und amerikanischen Opossums. – Verh. Anat. Ges., **81**: 977–978.
204. HALATA, Z. & B. L. MUNGER (1980a): The sensory innervation of primate eyelid. – Anat. Rec., **198**: 657–670.
205. HALATA, Z. & B. L. MUNGER (1980b): The ultrastructure of the Ruffini and Herbst corpuscles in the articular capsule of domestic pigeon. – Anat. Rec., **198**: 681–692.
206. HALATA, Z. & B. L. MUNGER (1980c): Sensory nerve endings in Rhesus monkey sinus hairs. – J. comp. Neurol., **192**: 645–663.
207. HALATA, Z. & B. L. MUNGER (1981a): Die Ultrastruktur der Ruffinischen Körperchen der behaarten Haut des Affen und des Menschen. – Verh. Anat. Ges., **75**: 955–957.
208. HALATA, Z. & B. L. MUNGER (1981b): Identification of the Ruffini corpuscle in human hairy skin. – Cell Tiss. Res., **219**: 437–440.
209. HALATA, Z. & B. L. MUNGER (1983): The sensory innervation of the primate facial skin. II. Vermillion border and mucose of lips. – Brain Res. Rev., **5**: 81–107.
210. HALATA, Z. & B. L. MUNGER (1985): The terminal myelin segments of afferent axons to cutaneous mechanorecetors. – Brain Res., **347**: 177–182.
211. HALATA, Z. & B. L. MUNGER (1986): The neuroanatomical basis for the protopathic sensibility of the human glans penis. – Brain Res., **371**: 205–230.
212. HALATA, Z., T. RETTIG W. SCHULZE (1985): The ultrastructure of sensory nerve endings in the human knee joint capsule. – Anat. Embryol., **172**: 265–275.
213. HALATA, Z., W. SCHULZE & K. H. HÖHNE (1986): The ultrastructure and computer-aided three-dimensional aspect of Ruffini corpuscles in human skin of the prepuce and pig skin of the nose. – Anat. Rec., **214**: 48 A.
214. HALATA, Z. & T. STRASMANN (1990): The ultrastructure of mechanoreceptors in the locomotive system. – In: W. ZENKER and W. NEUHUBER (eds); Plenum Publishing Corporation, New York, The primary afferent neuron: 51–65.
215. HALBHUBER, K. J. (1965): Histochemische Untersuchungen an den Vater-Lehmannschen Lamellenkörperchen des Mesenteriums der Katze unter besonderer Berücksichtigung der polymorphen Interlamellarzellen. – Acta histochem., **21**: 374–386.

216. HARTSCHUH, W. & D. GRUBE (1979): The Merkel cell – a member of the APUD cell system? – Arch. Dermatol. Res., **265**: 115–122.
217. HARTSCHUH, W., M. REINECKE, E. WEIHE & N. YANIHARA (1984): VIP-immunoreactivity in the skin of various mammals: Immunohistochemical, radioimmunological and experimental evidence for a dual localization in cutaneous nerve and Merkel cells. – Peptides, **5**: 239–245.
218. HARTSCHUH, W. & E. WEIHE (1977): The effect of denervation on Merkel cells in cats. – Neurosci. Letters, **5**: 327–332.
219. HARTSCHUH, W. & E. WEIHE (1980): Fine structural analysis of the synaptic junction of Merkel cell-axon-complexes. – J. Invest. Dermatol., **75**: 159–165.
220. HARTSCHUH, W., E. WEIHE, M. BUECHLER, V. HELMSTAEDTER, G.E. FEURLE & W.G. FORSSMANN (1979): Met-enkephalin-like immunoreactivity in Merkel cells. – Cell Tiss. Res., **201**: 343–348.
221. HARTSCHUH, W., E. WEIHE & M. REINECKE (1986): The Merkel cell. – In: J. BEREITER-HAHN, A.G. MATOLTSY, and K.S. RICHARDS (eds), Springer Verlag, Berlin, Heidelberg, Biology of the Integument. Volume 2. Vertebrates: 605–620.
222. HARTSCHUH, W., E. WEIHE, N. YANAIHARA & M. REINECKE (1983): Immunohistochemical localization of vasoactive intestinal polypeptide (VIP) in Merkel cells of various mammals: evidence for a neuromodular function of the Merkel cell. – J. Invest. Dermatol., **81**: 361–364.
223. HARTUNG, V. & G. ASMUSSEN (1988): Age related changes of muscle spindles of rat soleus muscle. – In: P. HNIK, T. SOUKUP, R. VEJSADA, and J. ZELENA (eds), Plenum Press, New York and London, Mechanoreceptors. Development, Structure and Function: 89–90.
224. HASHIMOTO, K. (1972a): The ultrastructure of the skin of human embryos. X. Merkel tactile cells in the finger and nail. – J. Anat. (London), **111**: 99–120.
225. HASHIMOTO, K. (1972b): Fine structure of Merkel cell in human oral mucosa. – J. Invest. Dermatol., **58**: 381–387.
226. HASHIMOTO, K. (1973a): Fine structure of perifollicular nerve endings in human hair. – J. Invest. Dermatol., **59**: 432–441.
227. HASHIMOTO, K. (1973b): Fine structure of the Meissner corpuscle of human palmar skin. – J. Invest. Dermatol., **60**: 20–28.
228. HASHIMOTO, K. (1979): Nerven- und Blutversorgung des Haarfollikels. – In: C.E. ORFANOS (ed), Gustav Fischer Verlag, Stuttgart, New York, Haar und Haarkrankheiten: 95–122.
229. HENNIG, G. (1969): Die Nervenendigungen der Rattenmuskelspindel im elektronen- und phasenkontrastmikroskopischen Bild. – Z. Zellforsch., **96**: 275–294.
230. HENSEL, H. (1973): Cutaneous thermoreceptors. – In A. IGGO (ed), Springer, Heidelberg, New York, Handbook of sensory physiology. Somatosensory system: 79–110.
231. HENSEL, H. (1974): Thermoreceptors. – Annual Review Physiology, **36**: 233–249.
232. HENSEL, H., K.H. ANDRES & M. VON DÜRING (1974): Structure and function of cold receptors. – Pflügers Arch., **352**: 1–10.
233. HERBST, G. (1848): Die Pacinischen Körperchen und ihre Bedeutung. Ein Beitrag zur Kenntnis der Nervenprimitivfasern. – Vandenhoeck und Ruprecht, Göttingen.
234. HERINGA, G.A. (1920): Untersuchungen über den Bau und die Entwicklung des sensiblen peripheren Nervensystems. – Verh. kon. Akad. Wet. Amsterdam, **21**: 1–30.
235. HINSEY, J.C. (1927): Some observations on the innervation of skeletal muscle of the cat. – J. comp. Neurol., **44**: 87–195.
236. HINSEY, J.C. (1934): The innervation of the skeletal muscle. – Physiol. Reviews, **14**: 514–585.
237. HOGGAN, G. (1884): New forms of nerve terminations in mammalian skin. – J. Anat. Physiol., **18**: 182–197.
238. HONEE, G.L.J.M. (1966): An investigation on the presence of muscle spindles in the human lateral pterygoid muscle. – Ned. T. Tandheelk, **73**: 43–48.
239. HORCH, K.W., D. WHITEHORN & P.R. BURGESS (1974): Impulse generation in type I cutaneous mechanoreceptors. – J. Neurophysiol., **37**: 267–281.
240. HORSTMANN, E. (1957): Die Haut. – In: VON MÖLLENDORF (ed), Springer, Berlin, Heidelberg, Handbuch der mikroskopischen Anatomie des Menschen: 1–276.
241. HOUK, J. & E. HENNEMAN (1967): Response of Golgi tendon organs to active contractions of the soleus muscle of the cat. – J. Neurophysiol., **30**: 466–481.
242. HOUK, J.C., P.E. CRAGO & W.Z. RYMER (1980): Functional properties of Golgi tendon organs. – In: J.E. DEMSMEDT (ed), Karger, Basel, Spinal and supraspinal mechanisms of voluntary motor control and locomotion. Progress in Clinical Neurophysiology: 33–43.
243. HOYES, A.D. (1984): Fine structure and response to capsaicin of primary afferent nociceptive axons in the rat and guinea-pig. – In: HAMANN, W. & A. IGGO (eds), World Scientific Publ. Co., Singapore, Sensory Receptor Mechanisms: 25–34.
244. HOYES, A.D. & P. BARBER (1976a): Ultrastructure of the corneal nerves in the rat. – Cell Tiss. Res., **172**: 133–144.
245. HOYES, A.D. & P. BARBER (1976b): Parameters of fixation of the putative pain afferents in the ureter: preservation of the dense cores of the large vesicles in the axonal terminals. – J. Anat. (London), **122**: 113–120.
246. HOYES, A.D. & P. BARBER (1976c): Effect of mechanical stimuli on the subepithelial nerves of the rat ureter. – J. Anat. (London), **122**: 745–746.
247. HOYES, A.D. & P. BARBER (1977): Ultrastructure of corneal receptors. – In: D.J. ANDERSON and B. MATTHEWS (eds), Elsevier Press, New York, Pain in the trigeminal region: 1–12.
248. HOYES, A.D. & P. BARBER (1978): Fine structure and composition of the submucous nerve plexus in the guinea-pig trachea. – Cell Tiss. Res., **190**: 301–316.
249. HOYES, A.D. & P. BARBER (1981a): Morphology and response to vagus nerve section of the intra-epithelial axons of the rat trachea. A quantitative ultrastructural study. – J. Anat. (London), **132**: 331–339.
250. HOYES, A.D. & P. BARBER (1981b): Degeneration of axons in the ureteric and duodenal plexuses of the adult rat following in vivo treatment with capsaicin. – Neurosci. Letters, **25**: 19–24.
251. HOYES, A.D., P. BARBER & H. JAGESSAR (1981): Effect of capsaicin in the intraepithelial axons of the rat trachea. – Neurosci. Letters, **26**: 329–334.
252. HOYES, A.D., R. BOURNE & B.H.G. MARTIN (1976): Ultrastructure of the submucous nerves of the rat ureter. – J. Anat. (London), **119**: 123–132.
253. HUBER, G.C. & L.M.A. DEWITT (1900): A contribution on the nerve terminations in neurotendinous endorgans. – J. comp. Neurol., **10**: 159–204.
254. HUNG, K.-S. (1976): Fine structure of tracheo-bronchial epithelial nerves of the cat. – Anat. Rec., **185**: 85–92.
255. HUNG, K.-S., M.S. HERTWECK, J.D. HARDY & C.G. LOOSLI (1972): Innervation of pulmonary alveoli of the mouse lung: an electron microscopic study. – Am. J. Anat., **135**: 477–496.
256. HUNG, K.-S., S. HERTWECK, J.D. HARDY & C.G. LOOSLI (1973): Ultrastructure of nerves and associated cells in bronchiolar epithelium of the mouse lung. – J. Ultrastr. Res., **43**: 426–437.
257. HUNT, C.C. (1974): The physiology of muscle receptors. – In: C.C. HUNT (ed), Springer, Heidelberg, New

York, Handbook of Sensory Physiology. Muscle receptors: 191–234.

258. Huss, G. (1900): Beiträge zur Kenntnis der Eimerschen Organe in der Schnauze von Säugern. – Z. wiss. Zool., **67**: 102–127.
259. Ide, C. (1976): The fine structure of the digital corpuscle of the mouse toe pad, with special reference to nerve fibres. – Am. J. Anat., **147**: 329–356.
260. Ide, C. (1977): Development of Meissner corpuscle of mouse toe pad. – Anat. Rec., **188**: 49–67.
261. Ide, C. (1982a): Degeneration of mouse digital corpuscles. – Am. J. Anat., **163**: 59–72.
262. Ide, C. (1982b): Regeneration of mouse digital corpuscles. – Am. J. Anat., **163**: 73–85.
263. Ide, C (1982c): Histochemical study of lamellar cell development of Meissner corpuscles. – Arch. histol. jap., **45**: 83–97.
264. Ide, C. (1986): Basal laminae and Meissner corpuscle regeneration. – Brain Res., **384**: 311–322.
265. Ide, C. (1987): Role of extracellular matrix in the regeneration of a Pacinian corpuscle. – Brain Res., **413**: 155–169.
266. Ide, C., K. Kumagai & S. Hayashi (1985): Freeze-fracture study of the mechanoreceptive digital corpuscles of mice. – J. Neurocytol., **14**: 1037–1052.
267. Ide, C. & T. Saito (1980a): Electron microscopic cytochemistry of cholinesterase activity of mouse digital corpuscle. – Acta Histochem. Cytochem., **13**: 218–226.
268. Ide, C. T. Saito (1980b): Electron microscopic histochemistry of cholinesterase activity of Vater-Pacini corpuscle. – Acta Histochem. Cytochem., **13**: 298–305.
269. Ide, C. & T. Saito (1980c): Adenosine triphosphatase activity of cutaneous nerve fibers. – Histochemistry, **65**: 83–92.
270. Ide, C. & T. Saito (1980d): Electron microscopic histochemistry of ATPase and alkaline phosphatase activities in mouse digital corpuscles. – J. Neurocytol., **9**: 207–218.
271. Ide, C. & K. Tohyama (1985): Macrophages in Pacinian corpuscules. – Acta Anat. (Basel), **121**: 110–114.
272. Ide, C., K. Tohyama, R. Yokota, T. Nitatori & S. Onodero (1983): Schwann cell basal lamina and nerve regeneration. – Brain Res., **288**: 61–75.
273. Iggo, A. (1966): Relation of single receptor activity to parameters of stimuli. Cutaneous receptors with a high sensitivity to mechanical displacement. – In A.V.S. de Reuck (ed), J. & A. Churchill, London, Touch, heat and pain. A Ciba Foundation Symposium: 237–255.
274. Iggo, A. (1985): Sensory receptors in the skin of mammals and their sensory functions. – Rev. Neurol. (Paris), **141**: 599–613.
275. Iggo, A. & K.H. Andres (1982): Morphology of cutaneous receptors. – Ann. Rev. Neurosci., **5**: 1–31.
276. Iggo, A. G.S. Findlater (1984): A review of Merkel cell mechanisms. – In: W. Hamann and A. Iggo (eds), World Scientific Publ. Co., Singapore, Sensory Receptor Mechanisms: 117–131.
277. Iggo, A. & K.-M. Gottschaldt (1974): Cutaneous mechanoreceptors in simple and complex sensory structures. – In: Schwartzkopf, J. (ed), Westdeutscher Verlag, Symposium Mechanoreception. Rheinisch-Westfälische Akademie der Wissenschaften, 53: 153–176.
278. Iggo, A. & A.R. Muir (1969): The structure and function of a slowly adapting touch corpuscle in hairy skin. – J. Physiol. (London), **200**: 763–796.
279. Iggo, A. & H. Ogawa (1977): Correlative physiological and morphological studies of rapidly adapting mechanoreceptors in cats glabrous skin. – J. Physiol. (London), **266**: 275–296.
280. Iggo, A., A.K. McIntyre & U. Proske (1985): Responses of mechanoreceptors and thermoreceptors in the skin of the snout of echidna. – Proc. R. Soc. Lond. (Biol.), **223**: 261–277.
281. Iggo, A., U. Proske, A.K. McIntyre & J.E. Gregory (1988): Cutaneous electroreceptors in the platypus: a new mammalian receptor. – In: Hamann, W. & A. Iggo (eds), Elsevier, Amsterdam, Transduction and Cellular Mechanisms in Sensory Receptors. Prog. Brain Res. **74**: 133–138.
282. Ivanov, G.F. (1949): The morphology and classification of some forms of interoceptors (Russian text). – Moskva, Problemi kortiko-visceralnoi patologii: 135–153.
283. Ivanov, N.M. (1974): Zur Innervation der Harnwege der Wirbeltiere und des Menschen. – Anat. Anz., **135**: 209–225.
284. Iwafuchi, M., H. Watanabe, N. Ishihara, Y. Takahashi & M. Yoshimura (1986): A neuroendocrine (Merkel) cell carcinoma with coexisting intraepidermal squamous cell carcinoma of the skin. – Acta Pathol., Japan, **36**: 1099–1108.
285. Jabonero, V. & J. Maya (1971): Studien über die sensiblen Endausbreitungen. – Acta Anat. (Basel), **78**: 488–520.
286. Jaburek, A.L. (1927): Die Nervenendigungen in der Epidermis der Reptilien. – Z. mikr.-anat. Forsch., **10**: 1–49.
287. Jänig, W. (1971a): The afferent innervation of the central pad of the cat's hind foot. – Brain Res., **28**: 103–216.
288. Jänig, W. (1971b): Morphology of rapidly and slowly adapting mechanoreceptors in the hairless skin of the cat's hind foot. – Brain Res., **28**: 217–231.
289. Jänig, W., R.F. Schmidt & M. Zimmermann (1968): Single unit responses and the total afferent outflow from the cat's foot pad upon mechanical stimulation. – Exp. Brain Res., **6**: 100–115.
290. Jalowy, B. (1936): Über die De- und Regeneration der Nervenendigungen den Fingerbeeren der oberen Extremität der Affen (*Macacus rhesus*). – Z. Zellforsch., **23**: 84–116.
291. Jalowy, B. (1939): Über die Entwicklung der Nervenendigungen in der Haut der Menschen. – Z. Anat. Entw.-Gesch., **109**: 344–359.
292. James, N.T. (1971a): The histochemical demonstration of myoglobin in muscle spindles. – Histochem. J., **3**: 333–338.
293. James, N.T. (1971b): The histochemical demonstration of three types of infrafusal fibre in rat muscle spindles. – Histochem. J., **3**: 457–462.
294. Jamison, D.G., K.W. Thurley & R.J. Harrison (1972): Ultrastructure of the skin and encapsulated nerve endings of the delphinid snout. – J. Anat. (London), **111**: 513–514.
295. Jeffery, P. L. Reid (1973): Intra-epithelial nerves in normal rat airways: a quantitative electron microscopic study. – J. Anat. (Lond.), **114**: 35–45.
296. Jirmanova, J. (1988): Hyperinnervation of rat Pacinian corpuscles in a toxic distal axonopathy. – In: Hnik, P., T. Soukup, R. Vejsada, J. Zelena (eds): Plenum Press, New York and London, Mechanoreceptors. Development, Structure and Function: 173–180.
297. Jirmanova, I. J. Zelena (1980): Uptake of horseradish peroxidase by sensory terminals of lamellated corpuscles in mouse foot pads. – Acta Neuropathol. (Berlin), **52**: 129–134.
298. Kadanoff, D. (1924a): Eine besondere Nervenendigung in der Haut des Menschen. – Z. Anat. Entwickl.-Gesch., **72**: 542–544.
299. Kadanoff, D. (1924b): Beitrag zur Kenntnis der Nervenendigungen im Epithel der Säugetiere. – Z. Anat. Entwickl.-Gesch., **73**: 431–452.
300. Kadanoff, D. (1928): Über die intraepithelialen Nerven und ihre Endigungen beim Menschen und bei den Säugetieren. – Z. Zellforsch., **7**: 553–576.
301. Kadanoff, D. (1971a): Die eingekapselten sensiblen Nervenendapparate der Haut und der Schleimhäute

bei den Primaten vom Standpunkt der Stammesgeschichte. – Anat. Anz., **128**: 302–313.

302. KADANOFF, D. (1971 b): Die Lagebeziehungen der intraepithelialen Nervenfasern und -Endigungen zu den Epithelzellen. – C. R. de l'Academie bulgare Sciences, **24**: 941–944.

303. KADANOFF, D. (1971 c): Die Ultrastruktur und Lage der Nervenfasern und ihrer Endigungen im Epithelgewebe. – Z. mikrosk.-anat. Forsch., **84**: 321–332.

304. KADANOFF, D. (1971 d): Über intraepitheliale nervöse Endformationen in mehrschichtigem Plattenepithel. – Z. Zellforsch., **121**: 171–180.

305. KADANOFF, D. & A. GÜROWSKI (1963): Morphologie der Rezeptoren des Atmungs- und Verdauungssystems beim Menschen. – Fischer, Jena.

306. KAWAMURA, T., S. NISHIYMA & S. IKEDA (1964): The human Haarscheibe, its structure and function. – J. invest. Derm., **42**: 87–90.

307. KERJASCHKI, D. & L. STOCKINGER (1970): Structure and function of the perineurium. – Z. Zellforsch., **110**: 386–400.

308. KERSCHNER, L. (1888 a): Bemerkungen über ein besonderes Muskelsystem im willkürlichen Muskel. – Anat. Anz., **3**: 126–132.

309. KERSCHNER, L. (1888 b): Beitrag zur Kenntnis der sensiblen Endorgane. – Anat. Anz., **3**: 288–296.

310. KERSCHNER, L. (1892): Über Muskelspindeln. – Anat. Anz., **7**: 85–89.

311. KERSCHNER, L. (1893): Über die Fortschritte in der Erkenntnis der Muskelspindeln. – Anat Anz., **8**: 449–458.

312. KLAUER, G. (1986): Die Mechanorezeptoren in der Haut der Wirbeltiere: Morphologie und Klassifizierung. – Z. mikrosk.-anat. Forsch., **100**: 273–289.

313. KÖLLIKER, A. (1852): Über den Bau der Cutispapillen und der sogenannten Tastkörperchen R. Wagners. – Z. wiss. Zool., **4**: 43–52.

314. KÖLLIKER, A. (1862): On the termination of nerves in muscles, as observed in the frog, and on the disposition of the nerves in the frog's heart. – Proc. Roy. Soc, **12**: 65–84.

315. KÖLLIKER V., A. (1896): Handbuch der Gewebelehre des Menschen. Bd. II.: Nervensystem des Menschen und der Tiere. – Engelmann, Leipzig.

316. KORTHALS, J. K., H. M. WISNIEWSKI, B. GHETTI & R. D. COOK (1974): The fate of the axon and its terminal in the Pacinian corpuscle following sciatic nerve section. – J. Neurocytol., **3**: 385–403.

317. KRAUSE, W. (1860): Die Terminalkörperchen der einfachen sensiblen Nerven. – Hahnsche Hofbuchhandlung, Hannover.

318. KRAUSE, W. (1866 a): Über die Nervenendigungen in der Klitoris. – Gött. Nachrichten, **12**: 169–175.

319. KRAUSE, W. (1866 b): Über die Nervenendigungen in den Geschlechtsorganen. – Z. ration. Med., **2**: 86–88.

320. KRAUSE, W. (1881): Die Nervenendigungen innerhalb der terminalen Körperchen. – Arch. mikr. Anat., **19**: 53–136.

321. KRISTENSSON, K. & Y. OLSSON (1976): Osmotic opening of perineural diffusion barrier in peripheral nerve. – Neuropath. Appl. Neurobiol., **2**: 479–488.

322. KRÜGER, H. (1961): Über die Vater-Pacinischen Körperchen der Baucheingeweide der Katze. – Anat. Anz., **109**: 311–333.

323. KRUGER, L., E. R. PERL & M. J. SEDIVEC (1981): Fine structure of myelinated mechanical nociceptor endings in cat hairy skin. – J. comp. Neurol., **198**: 137–154.

324. KRUGER, L., B. E. RODIN, Y. YEH, N. C. BRECHA, S. L. SAMPOGNA & J. R. CLAGUE (1984): Cutaneous thin-fiber innervation with special reference to nociceptors and neuropeptide distribution. – In: W. HAMANN and A. IGGO (eds), World Scientific Publ. Co., Singapore, Sensory Receptor Mechanisms: 5–13.

325. KRUGER, L., S. L. SAMPOGNA, B. E. RODIN, J. CLAGUE, N. BRECHA Y. YEH (1985): Thin-fiber cutaneous innervation and its intraepidermal contribution studied by labeling methods and neurotoxin treatment in rat. – Somatosensory Res., **2**: 335–356.

326. KÜHNE, W. (1864): Über die Endigungen der Nerven in den Nervenhügeln der Muskeln. – Virchows Arch. path. Anat., **30**: 187–220.

327. KUMAZAWA, T. & K. MIZUMURA (1977): Thin-fiber receptors responding to mechanical, chemical and thermal stimulation in the skeletal muscle of the dog. – J. Physiol. (London), **273**: 179–194.

328. KUMAZAWA, T. & K. MIZUMURA (1984): Functional properties of the polymodal receptors in the deep tissues. – In: W. HAMANN and A. IGGO (eds), World Scientific, Singapore, Sensory Receptor Mechanisms: 193–202.

329. KUMAZAWA, T. & E. R. PERL (1977 a): Primate cutaneous sensory units with unmyelinated (C) afferent fibers. – J. Neurophysiol., **40**: 1325–1338.

330. KUMAZAWA, T. & E. R. PERL (1977 b): Primate cutaneous receptors with unmyelinated (C) fibres and their projection to the substantia gelatinosa. – J. Physiol. (Paris), **73**: 287–304.

333. LAMBERTINI, G. & G. RUFFINI (1934): Zitiert nach Jalowy (1939). – Z. Anat. Entw.-Gesch., **109**: 344–359.

334. LANDMANN, L. & Z. HALATA (1980): Merkel cells and nerve endings in the labial epidermis of a lizard. – Cell Tiss. Res., **210**: 353–357.

335. LANDMANN, L. & W. VILLIGER (1975): Glycogen in epidermal nerve terminals of *Lacerta sicula* (Squamata: Reptilia). – Experientia, **31**: 967–968.

336. LANDON, D. N. (1972): The fine structure of the equatorial regions of developing muscle spindles in the rat. – J. Neurocytol., **1**: 189–210.

337. LANGERHANS, P. (1868): Über die Nerven der menschlichen Hand. – Virchows Arch. path. Anat., **44**: 325–337.

338. LANGFORD, L. A. (1983): Unmyelinated axon ratios in cat motor cutaneous and articular nerves. – Neurosci. Letters, **40**: 19–22.

339. LANGFORD, L. A., H.-G. SCHAIBLE & R. F. SCHMIDT (1984): Structure and function of fine joint afferents: Observations and speculations. – In: W. HAMANN and A. IGGO (eds), World Scientific, Singapore, Sensory Receptor Mechanisms: 241–251.

340. LANGFORD, L. A. & R. F. SCHMIDT (1983): Afferent and efferent axons in the medial and posterior articular nerves of the cat. – Anat. Rec., **206**: 71–78.

341. LAVRENTJEV, B. I. (1947): Sensory innervation of inner organs (Russian text). – In Morfologia cuvstvitelnoj innervacii vnutrennych organov: 5–21.

342. LEELA, K., R. KANAGASUNTHERAM & M. M. AHMED (1971): Innervation of the nasopharynx in *Macaca fascicularis*. – J. Anat. (London), **110**: 49–56.

343. LEITNER, L.-M. & M. ROUMY (1974 a): Mechanosensitive units in the upper bill and in the tongue of the domestic duck. – Pflügers Arch, **346**: 141–150.

344. LEITNER, L.-M. & M. ROUMY (1974 b): Thermosensitive units in the tongue and in the skin of the duck's bill. – Pflügers Arch, **346**: 151–155.

345. LEKSELL, L. (1945): The action potential and excitatory effects of the small ventral root fibres to skeletal muscle. – Acta physiol. scand. Suppl. 31, **10**: 1–84.

346. LELE, P. P. G. WEDDEL (1959): Sensory nerves of the cornea and cutaneous sensibility. – Exp. Neurol., **1**: 334–360.

347. LEONTOWITSCH, A. (1901): Die Innervation der menschlichen Haut. – Int. Mtschr. Anat. Physiol., **18**: 142–310.

348. LINDBLOM, U. & D. N. TAPPER (1967): Terminal properties of a vibro-tactile sensor. – Exp. Neurol., **17**: 1–15.

349. LINDEN, R. W. A. (1984): Periodontal mechanoreceptors. – In: W. HAMANN and A. IGGO (eds), World Scientific, Sensory Receptor Mechanisms: 179–192.

350. LIPETZ, E. (1971): The relation of physiological aspects of sensory intensity. – In: W. R. LOEWENSTEIN

(ed), Springer, Berlin, Principles of Receptor Physiology: 191–225.
351. LOEWENSTEIN, W. R. (1971): Mechano-electric transduction in the Pacinian corpuscle. Initiation of sensory impulses in mechanoreceptors. – In: W. R. LOEWENSTEIN (ed), Springer, Berlin, Principles of Sensory Physiology: 269–290.
352. LOEWENSTEIN, W. R. R. SKALAK (1966): Mechanical transmission in a Pacinian corpuscle. An analysis and theory. – J. Physiol. (London), **182**: 246–278.
353. LOO, S. K. & Z. HALATA (1985a): The sensory innervation of the nasal glabrous skin in the short-nosed bandicoot (*Isodoon macrourus*) and the opossum (*Didelphis virginiana*). – J. Anat. (London), **143**: 167–180.
354. LOO, S. K. & Z. HALATA (1985b): Die Ultrastruktur sensibler Nervenendigungen in der unbehaarten Haut des Possums und des amerikanischen Opossums. – Verh. Anat. Ges., **79**: 507–508.
355. LOO, S. K. R. KANAGASUNTHERAM (1972): Innervation and structure of the snout in the tree shrew. – J. Anat. (London), **111**: 253–261.
356. LOO, S. K. & R. KANAGASUNTHERAM (1973): Innervation of the snout in the slow loris. – J. Anat. (London), **116**: 385–393.
357. MACINTOSH, S. R. (1975): Observations on the structure and innervation of the rat snout. – J. Anat. (London), **119**: 537–546.
358. MACINTOSH, S. R. (1978): Age-related changes in the innervation of the rat snout. – J. Anat. (London), **125**: 149–154.
359. MAHRLE, G. & C. E. ORFANOS (1974): Merkel cells as human cutaneous neuroreceptor cells. Their presence in dermal neural corpuscles and in the external hair root sheath of human adult skin. – Arch. Derm. Forsch., **251**: 19–26.
360. MALINOVSKY, L. (1966a): Variability of sensory nerve endings in foot pads of a domestic cat (*Felis ocreata* L., *F. domestica*). – Acta Anat. (Basel), **64**: 82–106.
361. MALINOVSKY, L. (1966b): The variability of encapsulated corpuscles in the upper lip and tongue of the domestic cat. – Folia morph. (Praha), **14**: 175–191.
362. MALINOVSKY, L. (1966c): Variability of sensory corpuscles in the skin of the nose and in the area of sulcus labii maxillaris of the domestic cat (*Felis ocreata* L., *F. domestica*). – Folia morph. (Praha), **14**: 417–429.
363. MALINOVSKY, L. (1970): Ein Beitrag zur Entwicklung einfacher sensibler Körperchen bei der Hauskatze (*Felis sivestris*, f. catus L.). – Acta anat. (Basel), **76**: 220–232.
364. MALINOVSKY, L. & V. NOVOTNY (1980): Ultrastructure of sensory corpuscles in joint capsules of the bat (*Myotis myotis*). – Folia morph. (Praha), **28**: 230–232.
365. MALINOVSKY, L. & L. PAC (1982): Morphology of sensory corpuscles in mammals. – Acta Fac. Med. Univ. Brunensis, **79**: 5–219.
366. MALINOVSKY, L. J. SOMMEROVA (1977): Sensory nerve endings in the penis in green monkey (*Cercopithecus aethiops sabaceus*). – Z. mikrosk.-anat. Forsch., **91**: 94–104.
367. MANN, S. J. (1965): Haarscheiben in the skin of sheep. – Nature, **105**: 1228–1229.
368. MANN, S. J. (1968): The tylotrich (hair) follicle of the American opossum. – Anat. Rec., **160**: 171–180.
369. MARCARIAN, H. Q. & R. D. SMITH (1968): A quantitative study on the vasa nervorum in the ulnar nerve of cats. – Anat. Rec., **161**: 105–110.
370. MARCHAND, E. R. & E. ELDRED (1969): Postnatal increase of intrafusal fibres in the rat muscle spindle. – Exp. Neurol., **25**: 655–676.
371. MARFURT, C. F. & D. F. TURNER (1983): Sensory nerve endings in the rat oro-facial region labeled by the anterograde and transganglionic transport of horseradish peroxidase: a new method for tracing peripheral nerve fibers. – Brain Res., **261**: 1–12.
372. MARTINEZ, I. R. & J. M. PEKARTHY (1974): Ultrastructure of encapsulated nerve endings in rat gingiva. – Am. J. Anat., **140**: 135–138.
373. MATHEWSON, R. C. P. B. NAVA (1985): Effects of age on Meissner corpuscles: a study of silver-impregnated neurites in mouse digital pads. – J. comp. Neurol., **231**: 250–259.
374. MATSUDA, H. (1968): Electron microscopic study of the corneal nerve with special reference to the nerve ending. – Acta Soc. Opthal. Jap., **72**: 880–893.
375. MATTHEWS, P. B. C. (1972): Mammalian muscle receptors and their central actions. – Williams & Wilkins, Baltimore.
376. MAYR, R. (1970): Zwei elektronenmikroskopisch unterscheidbare Formen sekundärer sensorischer Endigungen in einer Muskelspindel der Ratte. – Z. Zellforsch., **110**: 97–107.
377. MAZZONI, V. (1890): Osservazioni microscopische sopra i considdetti corpuscoli terminali dei tendini dell uomu e sopra alcune particolari piastre nervose superficiali che si trovano nei medisimi tendini. – Bologna Accad. Sc. Med., **1**: 401–431.
378. MCCLOSKEY, D. I. (1978): Kinesthetic sensibility. – Physiol. Rev., **58**: 763–820.
379. MEISSNER, G. (1853): Beiträge zur Anatomie und Physiologie der Haut. – Leopold Voss, Leipzig.
380. MEISSNER, G. (1855): Bemerkungen die Tastkörperchen betreffend. – Z. wiss. Zool., **6**: 296–297.
381. MEISSNER, G. (1885): Untersuchungen über den Tastsinn. – Z. rat. Med. Reihe, **7**: 92–119.
382. MELARAGNO, H. P. & W. MONTAGNA (1953): The tactile hair follicles in the mouse. – Anat. Rec., **115**: 129–150.
383. MENSE, S. H. MEYER (1981): Response properties of group III and IV receptors in the Achilles tendon of the cat. – Pflügers Arch., **389**: R25.
384. MERKEL, F. (1875): Tastzellen und Tastkörperchen bei den Haustieren und beim Menschen. – Arch. mikr. Anat., **11**: 636–652.
385. MERKEL, F. (1878): Die Tastzellen der Ente. – Arch. mikr. Anat., **15**: 415–427.
386. MERKEL, F. (1880): Über die Endigungen der sensiblen Nerven in der Haut der Wirbeltiere. – Schmidt, Rostock.
387. MERRILLEES, N. C. R. (1960): The fine structure of muscle spindles in the lumbrical muscles of the rat. – J. Biophys. Biochem. Cytol., **7**: 725–742.
388. MERRILLEES, N. C. R. (1962): Some observations of the fine structure of a Golgi tendon organ of a rat. – In: D. BARKER (ed), Hong Kong University Press, Hong Kong. Symposium on Muscle Receptors: 199–206.
389. MICHAILOW, S. (1909): Die Struktur der typischen Vater-Pacinischen Körperchen und ihre physiologische Bedeutung. – Folia Neurobiol., **2**: 603–624.
390. MIHARA, M., K. HASHIMOTO, K. UEDA & M. KUMAKIRI (1979): The specialized junctions between Merkel cell and neurite: an electron microscopic study. – J. Invest. Dermatol., **73**: 325–334.
391. MILBURN, A. (1973): The early development of muscle spindles in the rat. – J. Cell. Sci, **12**: 175–195.
392. MILBURN, A. (1984): Stages in the development of cat muscle spindles. – J. Embryol. exp. Morph., **82**: 177–216.
393. MILLAR, B. J., Z. HALATA & R. W. A. LINDEN (1989): The structure of physiologically located periodontal ligament mechanoreceptors of the cat canine tooth. – J. Anat., **167**: 117–128.
394. MILLER, M. R., H. J. RALSTON III & M. KASAHARA (1958): The pattern of cutaneous innervation of the human hand. – Amer. J. Anat., **102**: 183–218.
395. MILLER, M. R., H. J. RALSTON III & M. KASAHARA (1960): The pattern of cutaneous innervation of the human hand, foot and breast. – In: W. MONTAGNA (ed), Pergamon Press, New York, Advances in Biology of Skin. Cutaneous Innervation: 1–47.

396. MOJSISOVICS (1876): Über die Nervenendigungen in der Epidermis der Säuger. – II. S. B. Akad. Wiss Wien, math-nat. Kl., 73.
397. MOLL, R., I. MOLL & W.W. FRANKE (1984): Identification of Merkel cells in human skin by specific cytokeratin antibodies: changes of cell density and distribution in fetal and adult plantar epidermis. – Differentiation, **28**: 136–154.
398. MORAVEC, M. & J. MORAVEC (1982): Presence of mechanoreceptors in the atrioventricular junction of the heart: microanatomical and ultrastructural evidences. – J. Ultrastr. Res., **81**: 47–65.
399. MUNGER, B.L. (1965): The intraepidermal innervation of the snout skin of the opossum. – J. Cell. Biol., **26**: 79–97.
400. MUNGER, B.L. (1971): Patterns of organization of peripheral sensory receptors. – In: W. LOEWENSTEIN (ed), Springer, Berlin, Handbook of Sensory Physiology: 523–556.
401. MUNGER, B.L. (1973): Cytology and ultrastructure of sensory receptors in the adult and newborn primate tongue. – In: J.F. BOSMA (ed), DHEW Publication No. 73–546, Bethesda, Development of the fetus and infant, 4th Symposium on Oral Sensation and Perception: 75–95.
402. MUNGER, B.L. (1975): Specificity in the development of sensory receptors in primate oral mucosa. – In: F.F. BOSMA (ed), DHEW Publ. No 75–941, Bethesda, Development of upper respiratory anatomy and function: Implications for sudden and unexpected infant death: 96–120.
403. MUNGER, B.L. Z. HALATA (1983): The sensory innervation of the primate facial skin. I. Hairy skin. – Brain Res. Rev., **5**: 45–80.
404. MUNGER, B.L. & Z. HALATA (1984): The sensorineural apparatus of the human eyelid. – Am. J. Anat., **170**: 181–204.
405. MUNGER, B.L. PAGE & B.H. PUBOLS (1979): Identification of specific mechanosensory receptors in glabrous skin of dorsal root ganglionectomized primates. – Anat. Rec., **193**: 630–631.
406. MUNGER, B.L. & L.M. PUBOLS (1972): The sensorineural organization of the digital skin of the racoon. – Brain, Behavior and Evol., **5**: 367–393.
407. MUNGER, B.L., L.M. PUBOLS B.H. PUBOLS (1971): The Merkel rete papilla – a slowly adapting sensory receptor in mammalian glabrous skin. – Brain Res., **29**: 47–61.
408. NAFSTAD, P.H.J. (1971): On the ultrastructure of neuroepithelial interactions. The dermal innervation in the snout of the pig. – Z. Zellforsch., **122**: 528–537.
409. NAGAI, T. (1982): Encapsulated sensory corpuscle in the mucosa of human vocal cord: an electron microscope study. – Arch. histol. jap., **45**: 145–153.
410. NIEWÖHNER, R. E. VAN DER ZYPEN (1972): Über die sensible Innervation der Nasenregion der Katze. – Anat. Anz., **130**: 70–90.
411. NISHI, K., C. OURA W. PALLIE (1969): Fine structure of Pacinian corpuscles in the mesentery of the cat. – J. Cell. Biol., **43**: 539–552.
412. NOVOTNY, G.E.K. & E. GOMMERT-NOVOTNY (1988): Intraepidermal nerves in human digital skin. – Cell Tiss. Res., **254**: 111–117.
413. NOVOTNY, V. (1973): Relation between receptor kind and afferent fibre diameter in the knee-joint capsule in the cat. – Acta Anat., **86**: 436–450.
414. O'CONNOR, B.L., B. KUNZ R.G. PETERSON (1982): The composition of the medial articular nerve to the knee in the dog. – J. Anat. (London), **135**: 139–145.
415. OHMORI, D. (1924): Über die Entwicklung der Innervation der Genitalapparate als peripheren Aufnahmeapparat der genitalen Reflexe. – Z. Anat. Entwickl.-Gesch., **70**: 347–410.
416. OLDFORS, A. (1980): Macrophages in peripheral nerves. An ultrastructural and enzyme histochemical study on rats. – Acta Neuropathol. (Berl.), **49**: 43–49.
417. OLDFORS, A. (1981): Permeability of the perineurium of small nerve fascicles: an ultrastructural study using ferritin in rats. – Neuropathol. Appl. Neurobiol., **7**: 183–194.
418. OLSSON, Y. (1968): Topographical differences in the vascular permeability of the peripheral nervous system. – Acta Neuropathol. (Berl.), **10**: 26–33.
419. OLSSON, Y. (1971): Studies on vascular permeability in peripheral nerves. IV. Distribution of intravenously injected protein tracers in the peripheral nervous system of various species. – Acta Neuropathol. (Berl.), **17**: 114–126.
420. OLSSON, Y. & K. KRISTENSSON (1973): The perineurium as a diffusion barrier to protein tracers following trauma to nerves. – Acta Neuropathol. (Berl.), **23**: 105–111.
421. OLSSON, Y. & T.S. REESE (1971): Permeability of vasa nervorum and perineurium in mouse sciatic nerve studied by fluorescence and electron microscopy. – J. Neuropathol. Exp. Neurol., **30**: 105–119.
422. ONO, S. (1956): Histologic study on the innervation of the snout and the nasal cavity with their surroundings in cat. – Arch. histol. jap., **10**: 37–52.
423. ORFANOS, C. (1965): Elektronenmikroskopische Befunde an epidermisnahen Nervenanteilen. – Arch. klin. Derm., **222**: 603–612.
424. ORFANOS, C. (1967): Elektronenmikroskopischer Nachweis epithelioneuraler Verbindungen am Haarfollikelepithel des Menschen. – Arch. klin. Derm., **228**: 421–429.
425. ORMEA, F. & G. GOGLIA (1969): Ultrastructural researches on the Krause's nerve endings (zylindrische Endkolben und kugelige Endkolben). – Ital. gen. Rev. Dermatol., **9**: 9–30.
426. OTELIN, A.A., V.F. MASANSKIJ & A.S. MIRKIN (1976): Telce Fater-Pacini. – Nauka, Leningrad.
427. OVALLE, W.K. P.R. DOW (1983): Comparative ultrastructure of the inner capsule of the muscle spindle and the tendon organ. – Am. J. Anat., **166**: 343–357.
428. OVALLE, W.K. & R.S. SMITH (1972): Histochemical identification of three types of intrafusal muscle fibres in the cat and monkey based on the myosin ATPase reaction. – Can. J. Physiol. Pharm., **50**: 195–202.
429. PAC, L. (1982): Contribution to the study of Merkel corpuscles in the domestic fowl. – Folia Morphol. (Praha), **30**: 340–345.
430. PAC, L. (1984): Contribution to ontogenesis of Merkel cells. – Z. mikrosk.-anat. Forsch., **98**: 36–48.
431. PAC, L. & L. MALINOVSKY (1981): Sensory innervation in the hedgehog snout epidermis. – Scripta medica (Brno), **54**: 113–125.
432. PACINI, F. (1835): Sopra un particolare genere di piccoli Corpi globulosi scorpeti nel corpo umano da Filippo Pacini Aluno interna degli spedali riunti di Pistoia. Letter Accademia Medicofisica di Firenze.
433. PALLIE, W., K. NISHI C. OURA (1970): The Pacinian corpuscle, its vascular supply and the inner core. – Acta anat. (Basel), **77**: 508–520.
434. PALMER, P. (1965): Ultrastructural alterations of Merkel cells following denervation. – Anat. Rec., **151**: 396–397.
435. PANSINI, S. (1889): Des terminaisons des nerfs sur les tendons des vertebres. – Archives Italiennes de Biologie, **11**: 225–228.
436. PARDUCZ, A., R.A. LESLIE, E. COOPER, C.J. TURNER & J. DIAMOND (1977): The Merkel cells and the rapidly adapting mechanoreceptors of the salamander skin. – Neurosci., **2**: 511–521.
437. PATRIZI, G. & B.L. MUNGER (1966): The ultrastructure and innervation of rat vibrissae. – J. comp. Neurol., **126**: 423–436.
438. PEASE, D.C. & T.A. QUILLIAM (1956): Electron microscopy of the Pacinian corpuscle. – J. Biophysic. and Biochem. Cytol., **3**: 331–342.
439. PECK, D., D.F. BUXTON & A.J. NITZ (1984): A comparison of spindle concentrations in large and small

muscle acting in parallel combinations. – J. Morph., **180**: 243–252.

440. PECK, D., D.F. BUXTON & A.J. NITZ (1988): A proposed mechanoreceptor role for the small redundant muscles which act in parallel with large prime-movers. – In P. HNIK, T. SOUKUP, R. VEJSADA, and J. ZELENA (eds), Plenum Press, New York and London, Mechanoreceptors. Development, Structure and Function: 377–382.
441. PETERS, A., S.L. PALAY & H.D.E.F. WEBSTER (1976): The fine structure of the nervous system: The neurons and supporting cells. – W.B. Saunders Company, Philadelphia.
442. PEYRONNARD, J.-M., A.J. AGUAYO & G.M. BRAY (1973): Schwann cell internuclear distances in normal and regenerating unmyelinated nerve fibers. – Arch. Neurol., **29**: 56–59.
443. PEYRONNARD, J.-M., L.C. TERRY & A. AGUAYO (1975): Schwann cell internuclear distances in developing rat unmyelinated nerve fibers. – Arch. Neurol., **32**: 36–38.
444. PIEPER, A. (1941): Die interzelluläre Lage der Nerven im Epithel. – Anat. Anz., **91**: 288–312.
445. PILAT, M. (1925): The question of the structure and development of Vater-Pacinian corpuscles (Russian text). – Arch. anat. gistol. embriol., **3**– 245–278.
446. PILOTTI, S., F. RILKE & L. LAMBARDI (1982): Neuroendocrine (Merkel cell) carcinoma of the skin. – Am. J. Surg. Pathol., **6**: 243–254.
447. PINKUS, F. (1902): Über den bisher unbekannten Nervenapparat am Haarsystem des Menschen: Haarscheiben. – Derm. Z., **9**: 465–469.
448. PINKUS, F. (1905): Über Hautsinnesorgane neben dem menschlichen Haar (Haarscheiben) und ihre vergleichend-anatomische Bedeutung. – Arch. mikr. Anat., **65**: 121–179.
449. PODCOPAEV (1869): Über die Endigung der Nerven in der epithelialen Schicht der Haut. – Arch. mikr. Anat., **5**: 506–508.
450. POLACEK, P. (1961): Differences in the structure and variability of encapsulated nerve endings in the joints of some species of mammals. – Acta Anat. (Basel), **47**: 112–124.
451. POLACEK, P. (1965): Differences in the structure and variability of spray-like nerve endings in the joint of some mammals. – Acta Anat. (Basel), **62**: 568–583.
452. POLACEK, P. (1966): Receptors of the joints. Their structure variability and classification. – Acta Fac. Med. Univ. Brunensis, **23**: 1–107.
453. POLACEK, P. (1968): Über die strukturellen Unterschiede der Rezeptorreihen in der Vaginalwand der Katze und ihre mögliche funktionelle Bedeutung. – Z. mikrosk.-anat. Forsch., **78**: 1–34.
454. POLACEK, P Z. HALATA (1965): Beziehung der Kapsel der Nervenendigungen zu den Hüllen des Nervensystems. – Scripta Medica (Brno), **38**: 73–83.
455. POLACEK, P. & Z. HALATA (1970): Development of simple encapsulated corpuscles in the nasolabial region of the cat. – Folia Morph. (Praha), **18**: 359–368.
456. POLACEK, P. & K. MAZANEC (1966): Ultrastructure of mature Pacinian corpuscle from mesentery of adult cat. – Z. mikr.-anat. Forsch., **74**: 343–354.
457. POLACEK, P. & A. SKLENSKA (1964): Druhove rozdily v usporadani kloubnich receptoru u nekterych hlodavcu. – Sbornik ved. praci LK UK Hradec Kralove, **7**: 617–623.
458 PROSKE, U. (1979): The Golgi tendon organ. – TINS, **3**: 7–8.
459. PROSKE, U. & J.E. GREGORY (1980): The discharge rate: tension relation of Golgi tendon organs. – Neurosci. Letters, **16**: 287–290.
460. QUILLIAM, T.A. (1966a): The moles sensory apparatus. – J. Zool. (London), **149**: 76–88.
461. QUILLIAM, T.A. (1966b): Unit design and array patterns in receptor organs. – In: A.V.S. DE REUCK and J. KNIGHT (eds), Churchill, London, Touch, Heat Pain. A Ciba Foundation Symposium: 86–116.
462. QUILLIAM, T.A. (1975): Neuro-cutaneous relationships in fingerprint skin. – In: H.H. KORNHUBER (ed), Georg Thieme, Stuttgart, The Somatosensory System: 193–199.
463. QUILLIAM, T.A. (1978): The structure of finger print skin. – In: G. GORDON (ed), Pergamon Press, Oxford, Active Touch: 1–18.
464. QUILLIAM, T.A. (1979): Tactile and teletactile organs in the muzzle of the duck billed platypus (*Ornithorhynchus anatinus*). – Anat. Rec., **193**: 754.
465. QUILLIAM, T.A. (1985): Effects of evolution on the pattern of intra-epidermal innervation by free nerve endings. – J. of Human Evolution, **14**: 91–103.
466. QUILLIAM, T.A. & J. ARMSTRONG (1963): Mechanoreceptors. – Endeavour, **22**: 55–60.
467. RACHMATULIN, Z.C. (1936): Die Entwicklung der Meissnerschen Körperchen in der Menschenhaut. – Z. mikr.-anat. Forsch., **40**: 445–454.
468. RAMSTRÖM, M. (1905): Untersuchungen und Studien über die Innervation des Peritoneums der vorderen Bauchwand. – Anat. Hefte, **29**: 351–372.
469. RAMSTRÖM, M. (1908): Anatomische und experimentelle Untersuchungen über die lamellösen Nervenendkörperchen im Peritoneum parietale des Menschen. – Anat. Hefte, 1. Abt., **36**: 308–369.
470. RANVIER, L. (1880): On the terminations of nerves in the epidermis. – Quart. J. micr. Sci., **20**: 456–458.
471. RAS, V.R. & P.B. NAVA (1986): Age-related changes of neurites in Meissner corpuscles of diabetic mice. – Exp. Neurol., **91**: 488–501.
472. RAUBER (1867): Untersuchungen über das Vorkommen und die Bedeutung der Vaterschen Körperchen. – C. Fritsch, München.
473. REGAUD, C. (1907): Les terminaisons nerveuses et les organes nerveux sensitifs de l'appareil locomoteur. – Rev. gen. Histol., **2**: 583–689.
474. RETTIG, H. und HALATA, Z. (1990): Structure of the sensory innervation of the anal canal in the pig. A light- and electron microscopy study. – Acta Anat. (Basel), **137**: 189–201.
475. RETZIUS, G. (1892): Über die sensiblen Nervenendigungen in den Epithelien bei den Wirbeltieren. – Biol. Untersuchungen, **4**: 37–44.
476. RETZIUS, G. (1894): Einige Beiträge zur Kenntnis der intraepithelialen Endigungsweise der Nervenfasern. – Biol. Untersuchungen, **6**: 62–64.
477. RIDLEY, A. (1969): Silver staining of nerve endings in human glabrous skin. – J. Anat. (London), **104**: 41–48.
478. RIES, E. (1908): Vater-Pacinische Körperchen in der Tube. – Z. Geburtshilfe Gynäkologie, **62**: 100–105.
479. ROBERTSON, B. & H. ALDSKOGIUS (1982): The use of anterogradely transported wheat germ agglutinin-horseradish peroxidase conjugate to visualize cutaneous sensory nerve endings. – Brain. Res., **240**: 327–330.
480. ROBERTSON, J.D. (1960): Electron microscopy of the motor endplate and the neuromuscular spindle. – Amer. J. phys. med., **39**: 1–43.
481. ROBLES-CHILIDA, E.M., J. RODRIGO, I. MAYO, A. ARNEDO A. GOMEZ (1981): Ultrastructure of free-ending nerve fibres in oesophageal epithelium. – J. Anat., **133**: 227–233.
482. RONGE, H. (1943): Altersveränderungen der Meissnerschen Körperchen in der Fingerhaut. – Z. mikr.-anat. Forsch., **54**: 167–177.
483. RUFFINI, A. (1893a): Sur un reticule nerveux special, et sur quelques corpuscules de Pacini qui se trouvent en connexion avec les organes musculo-tendineux du chat. – Arch. ital. Biol., **18**: 101–105.
484. RUFFINI, A. (1893b): Sur la terminaison nerveuse dans les faisceaux musculaires et leur signification physiologique. – Arch. ital. Biol., **18**: 106–114.
485. RUFFINI, A. (1894): Di un nuovo organo nervoso ter-

minale e sulle presenta dei corpuscoli Golgi-Mazzoni nel connectivo sutto cataneo dei polpastrelli della dita dell uomo. Roma 1894.

486. RUFFINI, A. (1905): Les expansions nerveuses de la peau chez l'homme et quelques autres mammiferes. – Rev. Gen. Histol., **1**: 420–540.

487. RUMPELT, H.-J. & H. SCHMALBRUCH (1969): Zur Morphologie der Bauelemente von Muskelspindeln bei Mensch und Ratte. – Z. Zellforsch., **102**: 601–630.

488. RUNNE, U., G. MAHRLE C.E. ORFANOS (1977): Die Merkelzelle. Elektronenmikroskopische Darstellung in Epithel und Dermis des Menschen. – Hautarzt, Suppl. II., **28**: 355–357.

489. SAKADA, S. & T. SASAKI (1984): Blood-nerve barrier in the Vater-Pacini corpuscle of cat mesentery. – Anat. Embryol., **169**: 237–247.

490. SANTINI, M., Y. IBATA & G.D. PAPPAS (1971): The fine structure of the sympathetic axons within the Pacinian corpuscle. – Brain Res., **33**: 279–287.

491. SAS, J. & C. APPELTAUER (1963): Atypical muscle spindles in the extrinsic eye muscles in man. – Acta Anat (Basel), **55**: 311–322.

492. SAURAT, J.H., L. DIDIERJEAN O. SKALLI (1984a): The epidermal Merkel cell is an epithelial cell. – Dermatologica, **169**: 117–120.

493. SAURAT, J.H., L. DIDIERJEAN, O. SKALLII, G. SIEGENTHALER & G. GABBIANI (1984b): The intermediate filament proteins of rabbit normal epidermal Merkel cells are cytokeratins. – J. Invest. Dermatol., **83**: 431–435.

494. SAXOD, R. (1978a): Ultrastructure of Merkel corpuscles and so-called „Transitional" cells in the white leghorn chicken. – Am. J. Anat., **151**: 453–474.

495. SAXOD, R. (1978b): Development of cutaneous sensory receptors in birds. – In: M. JACOBSON (ed), Springer, Berlin, Heidelberg, Handbook of Sensory Physiology. Development of Sensory Systems: 337–417.

496. SAXOD, R. (1980): Development of Merkel corpuscles in the chicken beak. The problem of their origin and identity. – Biol. Cellul. **37**: 61–66.

497. SCHIMRIGK, K. & H. RUTTINGER (1980): The touch corpuscles of the plantar surface of the big toe. – Eur. Neurol., **19**: 49–60.

498. SCHMIDT, R.F. (1971): Möglichkeiten und Grenzen der Hautsinne. – Klin. Wschr., **49**: 530–540.

499. SCHMIDT, R.F. (1976): Somato-viscerale Sensibilität: Hautsinne, Tiefensensibilität, Schmerz. – In: R.W. SCHMIDT and G. THEWS (eds), Springer-Verlag, Berlin, Physiologie des Menschen: 206–225.

500. SCHOULTZ, T.W. & J.E. SWETT (1972): The fine structure of the Golgi tendon organs. – J. Neurocytol., **1**: 1–26.

501. SCHOULTZ, T.W. & J.E. SWETT (1976): Ultrastructural organization of the sensory fibres innervating the Golgi tendon organ. – Anat. Rec., **179**: 147–162.

502. SCHULTZ, R.A., D.C. MILLER, C.S. KERR & L. MICHELI (1984): Mechanoreceptors in human cruciate ligaments. – J. Bone Joint Surg., **66**: 1072–1076.

503. SCHUTTE, M.J., E.J. DABEZIES, M.L. ZIMNY & L.T. HAPPEL (1987): Neural anatomy of the human anterior cruciate ligament. – J. Bone Joint Surg., **69**: 243–247.

504. SHANTHA, T.R. & G.G. BOURNE (1968): The perineural epithelium – a new concept. – In: H.G. BOURNE (ed), Academic Press, New York, The Structure and Function of Nervous Tissue: 447–511.

505. SHANTHAVEERAPPA, T.R. & G.H. BOURNE (1962): The "perineural epithelium" a metabolically active, continuous, protoplasmic cell barrier surrounding peripheral nerve fasciculi. – J. Anat. (London), **96**: 527–537.

506. SHANTHAVEERAPPA, T.R. & G.H. BOURNE (1964): New observations on the structure of the Pacinian corpuscle and its relation to the pia-arachnoid of the central nervous system and peripheral epithelium of the peripheral nervous system. – Z. Zellforsch., **61**: 742–753.

507. SHEHATA, R. (1970): Pacinian corpuscles in bladder wall and outside ureter of the cat. – Acta anat. (Basel), **77**: 139–143.

508. SHEHATA, R. (1972): Pacinian corpuscles in pelvic urogenital organs and outside abdominal lymph glands of the cat. – Acta anat. (Basel), **83**: 127–138.

509. SHEHATA, R. (1974): Occasional Pacinian corpuscles at the upper part of the cat ureter. – Acta anat. (Basel), **87**: 77–81.

510. SHERRINGTON, C.S. (1894): On the anatomical constitution of nerves to skeletal muscles; with remarks on recurrent fibres in the ventral spinal root. – J. Physiol. (London), **17**: 211–258.

511. SILVERMAN, R.T., B.L. MUNGER & Z. HALATA (1986): The sensory innervation of the rat rhinarium. – Anat. Rec., **214**: 210–225.

512. SINCLAIR, D. (1967): The nerve endings. – In: D. SINCLAIR (ed), Oxford University Press, New York, Cutaneous sensation: 35–56.

513. SKLENSKA, A. (1973): Die Ultrastruktur des Golgischen Sehnenorgans bei der Katze. – Acta Anat. (Basel), **86**: 205–221.

514. SKOGLUND, S. (1956): Anatomical and physiological studies of knee joint innervation in the cat. – Acta Physiol. Scand. Suppl. 124, **36**: 1–101.

515. SKOGLUND, S. (1973): Joint receptors and kinaesthesis. – In A. IGGO (ed), Springer, Berlin and New York, Handbook of Sensory Physiology: 111–136.

516. SMIRNOW, A. (1893): Über Endkolben in der Haut der Planta pedis und über die Nervenendigungen in den Tastkörperchen des Menschen. – Mntschr. Anat. Physiol., **10**: 241–249.

517. SMITH, K.R. (1967): The structure and function of the Haarscheibe. – J. comp. Neurol., **131**: 459–474.

518. SOMJEN, G. (1983): Neurophysiology – the essentials. – Williams Wilkins, Baltimore/London.

519. SOUKUP, T. (1983): The number, distribution and size of Golgi tendon organs in developing and adult rat muscles. – Physiol. bohemoslovaca, **32**: 211–224.

520. SOUKUP, T. J. ZELENA (1977): The number and size of Golgi tendon organs in rat muscles during postnatal development. – Folia Morphol. (Praha), **25**: 79–82.

521. SPASSOVA, I. (1973): Ultrastructure of Krause endbulbs in the nasal skin of the cat. – Acta Anat. (Basel), **84**: 224–236.

522. SPASSOVA, I. (1974): Ultrastructure of the simple encapsulated nerve endings (simple end-bulbs of Krause) in the tongue of the cat. – J. Anat. (London), **118**: 1–9.

523. SPENCER, P. H. & H. SCHAUMBURG (1973): An ultrastructural study of the inner core of the Pacinian corpuscle. – J. Neurocytol., **2**: 217–235.

524. SPENCER, P.S., H.H. SCHAUMBURG & C.S. RAINE (1974): The fine structure of the feline Pacinian corpuscle. – J. Neuropath. Exp. Neurol., **33**: 189.

525. STACEY, M.J. (1967): The innervation of mammalian skeletal muscle by medium and small diameter afferent nerve fibres. Ph. D. Thesis. – University Durham, Durham.

526. STACEY, M.J. (1969): Free nerve endings in skeletal muscle of the cat. – J. Anat. (London), **105**: 231–254.

527. STACH, W. (1976): Afferente Nervenendigungen im Dünndarm und Magen. Licht- und elektronenmikroskopische Untersuchungen. – Z. mikrosk.-anat. Forsch., **90**: 790–800.

528. STEER, J.C. F.D. HORNEY (1968): Evidence for passage of cerebrospinal fluid among spinal nerves. – Canad. med. Ass. J., **98**: 71–74.

529. STEPHENS, R.J., I.J. BEEBE T.C. POULTER (1973): Innervation of the vibrissae of the california sea lion, *Zalophus californianus*. – Anat. Rec., **176**: 421–442.

530. STILLWELL, D.L. (1957a): The innervation of tendons and aponeuroses. – Amer. J. Anat., **100**: 289–317.

531. STILLWELL, D. L. (1957b): Regional variations in the innervation of tendons and aponeuroses. – Anat. Rec., **127**: 635–654.
532. STÖHR JR., P. (1928a): Mikroskopische Anatomie des vegetativen Nervensystems. – In: W. v. MÖLLENDORF (ed), Springer, Berlin, Handbuch der mikroskopischen Anatomie des Menschen. 143–264.
533. STÖHR JR., P. (1928b): Das periphere Nervensystem. – Springer, Berlin.
534. STÖHR JR., P (1957): Mikroskopische Anatomie des vegetativen Nervensystems. – In: W. VON MÖLLENDORF und W. BARGMANN (eds), Springer, Berlin, Heidelberg, Handbuch der mikroskopischen Anatomie des Menschen. Nervensystem: 1–678.
535. STRAILE, W. E. (1960): Sensory hair follicles in mammalian skin: the tylotrich follicle. – Amer. J. Anat., **106**: 133–148.
536. STRAILE, W. E. (1961): The morphology of tylotrich follicles in the skin of the rabbit. – Am. J. Anat., **109**: 1–13.
537. STRAILE, W. E. & S. M. MANN (1972): Discharges in neurons that innervate specific groups of tactile receptors in mice. – Brain Res., **42**: 89–102.
538. STRASMANN, T. and Z. HALATA (1988): Topography of mechanoreceptors in the connective tissue of the elbow joint region in *Monodelphis domestica*, a laboratory animal. – In: P. HNIK, P. SOUKUP, R. VEJSADA, and J. ZELENA (eds), Plenum Press, New York and London, Mechanoreceptors. Development, Structure and Function: 331–336.
539. STRASMANN, T. & Z. HALATA (1989a): Applications of 3-D image processing in functional anatomy. – In: H.-R. DUNCKER and A. KRIETE (eds) Wissenschaftl. Verlagsgesellschaft, Stuttgart, Europ. J. Cell Biol. Suppl., **25**: 107–110.
540. STRASMANN, T. & Z. HALATA (1989b): Distribution of sensory nerve endings in the musculo-skeletal system of the cubital joint region of *Monodelphis domestica*. – Anat. Rec., **223**: 111 A.
541. STRASMANN, T., & Z. HALATA S. K. LOO (1987a): Ultrastructure and topography of sensory nerve endings in the joint capsules of the Kowari (*Dasyuroides byrnei*), an australian marsupial. – Anat. Embryol., **176**: 1–12.
542. STRASMANN, T., & Z. HALATA, M. RIEMER, U. TIEDE & K.-H. HÖHNE (1987b): 3-D-Rekonstruktion eines Golgi Sehnen-Organs des Kowari (*Dasyuroides byrnei*), eines australischen Beuteltieres. – Anat. Anz., **163**: 190.
543. STRASMANN, T., J. C. VAN DER WAL, Z. HALATA & J. DRUKKER (1990a): Functional topography and ultrastructure of perarticular mechanoreceptors in the lateral elbow region of the rat. – Acta anat., **138**: 1–14.
544. STRASMANN, T., J. C. VAN DER WAL, Z. HALATA & J. DRUKKER (1990b): Sensory innervation patterns of the origins of the supinator muscles in rat and the gray short-tailed opossum in relation to its function. – In: W. ZENKER and W. NEUHUBER (eds), Plenum Publishing Corporation, The primary neuron: 67–72.
545. STRASMANN, T., E. WEIHE & Z. HALATA (1990): CGRP-like immunoreactivity in sensory nerve endings of the Golgi tendon organ. A light- and electron-microscopic study in the grey shorttailed opossum (Monodelphis domestica). – Acta anat. (Basel), **137**: 278–281.
546. STUART, D. G., C. G. MOSHER, R. L. GERLACH & R. M. REINKING (1972): Mechanical arrangement and transducing properties of Golgi tendon organs. – Exp. Brain Res., **14**: 274–292.
547. SUZUKI, H. & K. KUROSUMI (1972): Fine structure of the cutaneous nerve endings in the mole snout. – Arch. histol. jap., **34**: 35–50.
548. SWASH, M. & K. P. FOX (1972): Muscle spindle innervation in man. – J. Anat. (London), 112: 61–80.
549. SWETT, J. E. & E. ELDRED (1960a): Distribution and numbers of stretch receptors in medial gastrocnemius and soleus muscle of the cat. – Anat. Rec., **137**: 453–460.
550. SWETT, J. E. E. ELDRED (1960b): Comparison in structure of stretch receptors in medial gastrocnemius and soleus muscles of the cat. – Anat. Rec., **137**: 461–473.
551. SZYMONOWICZ, L. (1895): Beiträge zur Kenntnis der Nervenendigungen in Hautgebilden. – Arch. mikr. Anat., **45**: 624–653.
552. SZYMONOWICZ, L. (1897): Über den Bau und Entwicklung der Nervenendigungen im Entenschnabel. – Arch. mikr. Anat., **48**: 329–358.
553. SZYMONOWICZ, L. (1933): Über die Entwicklung der Nervenendigungen in der Haut des Menschen. – Z. Zellforsch., **19**: 356–382.
554. TACHIBANA, T. & K. ISHIZEKI (1981): Merkel cell development in the wound healing in the labial mucosa of adult rabbits. – Arch. histol. jap., **44**: 151–165.
555. TACHIBANA, T. & T. NAWA (1980): Merkel cell differentiation in the labial mucous epithelium of the rabbit. – J. Anat. (London), **131**: 145–155.
556. TELLO, J. F. (1917): Genesis de las terminaciones nerviosas motrices y sensitivas. I. En el sistema locomotor de los vertebrados superiores. – Trab. Lab. Invest. biol. Univ. Madrid, **15**: 101–199.
557. TELLO, J. F. (1922): Die Entstehung der motorischen und sensiblen Nervenendigungen. – Z. Anat. Entw. Gesch., **64**: 348–440.
558. TERVO, T., F. JOO, K. HUIKURI, I. TOTH & A. PALKAMA (1979): Fine structure of sensory nerves in the rat cornea: an experimental nerve degeneration study. – Pain, **6**: 57–70.
559. TERVO, T. & A. PALKAMA (1978): Ultrastructure of the corneal nerves after fixation with potassium permanganate. – Anat. Rec., **190**: 851–860.
560. THIEL VON, W. (1959): Bau und funktionelle Bedeutung einiger isolierter markhaltiger Nervenfasern des Musculus piriformis der Katze. – Acta Anat. (Basel), **37**: 137–153.
561. THOMAS, P. K. & D. G. JONES (1967): The cellular response to nerve injury. 2. Regeneration of the perineurium after nerve section. – J. Anat. (London), **101**: 45–55.
562. TIEGS, O. W. (1953): Innervation of voluntary muscle. – Physiol. Rev., **33**: 90–144.
563. TIMOFEEW, D. (1894): Zur Kenntnis der Nervenendigungen in den männlichen Geschlechtsorganen der Säuger. – Anat. Anz., **9**: 342–348.
564. TIMOFEEW, D. (1896): Über eine besondere Art von eingekapselten Nervenendigungen in den männlichen Geschlechtsorganen bei Säugetieren. – Anat. Anz., **11**: 44–49.
565. TRETJAKOFF, D. (1902): Zur Frage der Nerven der Haut. – Z. wiss. Zool., **71**: 625–644.
566. TRETJAKOFF, D. (1911): Die Nervenendigungen in den Sinushaaren des Rindes. – Z. wiss. Zool., **97**: 314–316.
567. TSCHURAJEW, I. J. (1927): Die Innervation der großen Sehnen der unteren Extremität des Menschen. – Morphol. Jahrb., **58**: 1–34.
568. TSUJI, T. (1971): Free nerve endings of the epidermis in hairy and hairless mice. – J. Invest. Dermatol., **57**: 247–255.
569. TURNER, D. F. (1983): The morphology and distribution of Merkel cells in primate gingival mucosa. – Anat. Rec., **205**: 197–205.
570. VALLBO, A. B., K.-E. HAGBARTH, H. E. TOREBJORK & B. G. WALLIN (1979): Somatosensory, proprioceptive, and sympathetic activity in human peripheral nerves. – Physiol. Rev., **59**: 919–957.
571. VAN DER VELDE, E. (1907): Die fibrilläre Struktur in den Nervenendigungen der Vögel und Säugetiere. – Anat. Anz., **31**: 621–634.
572. VAN DER VELDE, E. (1909): Die fibrilläre Struktur der Nervenendorgane. – Int. Mschr. Anat. Physiol., **26**: 225–298.
573. VAN DER WAL, J. C. & J. DRUKKER (1988): The occu-

rence of muscle spindles in relation to the architecture of the connective tissue in the lateral cubital region of the rat. – In: P. HNIK, T. SOUKUP, R. VEJSADA and J. ZELENA (eds), Plenum Press, New York and London, Mechanoreceptors. Development, Structure and Function: 345–346.

574. VAN DER WAL, J.C., T. STRASMANN, J. DRUKKER & Z. HALATA (1987): The occurence of sensory nerve endings in the lateral cubital region of the rat in relation to the architecture of the connective tissue. – Acta Anat. (Basel), **130**: 94.

575. VAN HORN, R.N. (1970): Vibrissae structure in the rhesus monkey. – Folia primat., **13**: 241–285.

576. VATER, A. (1741): Dissertation de consensu partium corporis humani. Haller, Disputationum anatomicarum selectarum, vol. II. – Göttingen.

577. VINCENT, S.B. (1913): The tactile hair of the white rat. – J. comp. Neurol., **23**: 1–36.

578. VON PLANNER, R. (1888): Über das Vorkommen von Nervenendkörpern in der männlichen Harnröhre. – Arch. mikr. Anat., **31**: 22–32.

579. VON FREY, M. (1894a): Beiträge zur Sinnesphysiologie der Haut. Dritte Mittheilung. – Akademie der Wissenschaften (Leipzig), **46–47**: 166–184.

580. VON FREY, M. (1894b): Beiträge zur Physiologie des Schmerzsinns. – Akademie der Wissenschaften (Leipzig), **46–47**: 185–196.

581. VON FREY, M. (1894c): Beiträge zur Physiologie des Schmerzsinns. Zweite Mittheilung. – Akademie der Wissenschaften (Leipzig), **46–47**: 284–296.

582. VOSS, H. (1971): Tabelle der absoluten und relativen Muskelspindelzahlen der menschlichen Skelettmuskulatur. – Anat. Anz., **129**: 562–572.

583. WAGNER, R. & G. MEISSNER (1852): Ueber das Vorhandensein bisher unbekannter eigenthümlicher Tastkörperchen (corpuscula tactus): in den Gefühlswärzchen der menschlichen Haut und über die Endausbreitung sensitiver Nerven. – Nachrichten Georg-August-Uni. koenigl. Ges. Wiss. Goettingen, **2**: 17–30.

584. WALTER, P. (1962): Licht- und elektronenmikroskopische Untersuchungen an sensiblen Rezeptoren von Haustieren. – Erg. Hft. z. Anat. Anz., **111**: 198–207.

585. WALTER, P. & R. HEBEL (1966): Zur Morphologie sensibler Rezeptoren. – Anat. Anz., **118**: 436–443.

586. WAXMAN, S.G. (1972): Regional differentiation of the axon: a review with special reference to the concept of the multiplex neuron. – Brain Res., **47**: 269–288.

587. WEDDEL, G. (1954): Cutaneous sensibility. – In: R.M.B. MECKENNA (ed), Hoeber, New York, Modern Trends in Dermatology: 44–56.

588. WEDDEL, G., W. PALLIE E. PALMER (1954): The morphology of peripheral nerve terminations in the skin. – Quart. J. micr. Sci., **95**: 483–501.

589. WEIHE, E. & W. HARTSCHUH (1988): Multiple peptides in cutaneous nerves: Regulators under physiological conditions and pathogenetic role in skin disease. – Seminars in Dermatology, **7**: 284–300.

590. WEISMANN, A. (1861): Über das Wachsen der quergestreiften Muskeln nach Beobachtungen am Frosch. – Z. rat. Med., **10**: 263–284.

591. WHITEAR, M. (1974): The nerves in frog skin. – J. Zool. (London), **172**: 503–529.

592. WINKELMANN, R.K. (1960): The end-organ of the feline skin: A morphological and histochemic study. – Amer. J. Anat., **107**: 281–290.

593. WINKELMANN, R.K. (1963): Nerve endings in the skin of primates. – In: J. BUETTNER-JANUSCH (ed), Academic Press, New York, London, Evolutionary and Genetic Biology of Primates: 229–259.

594. WINKELMANN, R.K. (1965): Innervation of the skin: notes on a comparison of primate and marsupial nerve endings. – In: LYNE, A.G. (ed), Angus and Robertson, Biology of the skin and hair growth: 171–182.

595. WINKELMANN, R.K. (1977): The Merkel cell system and comparison between it and the neurosecretory or APUD cell system. – J. Invest. Dermatol., **69**: 41–46.

596. WINKELMANN, R.K. (1982): The histochemistry of the Merkel cell neuroepithelial nerve endings in cat and rabbit skin and oral mucosa. – Acta Dermatovener., **62**: 383–387.

597. WINKELMANN, R.K. (1988): Cutaneous sensory nerves. – Seminars in Dermatology, **7**: 236–268.

598. WINKELMANN, R.K. & A.S. BREATHNACH (1973): The Merkel cell. – J. Invest. Dermatol., **60**: 2–15.

599. WOHLFART, G. & K.G. HENRIKSSON (1960): Observations on the distribution, number, and innervation of Golgi musculotendinous organs. – Acta Anat. (Basel), **41**: 192–204.

600. WOLTER, J.R. (1955): Morphology of the sensory nerve apparatus in striated muscle of the human eye. – Arch. Ophthal., **53**: 201–207.

601. WOOLLARD, H.H. (1935): Observations on the terminations of cutaneous nerves. – Brain, **58**: 352–367.

602. WOOLSEY, T.A., D. DURHAM, R.M. HARRIS, D.J. SIMONS & K.L. VALENTINO (1981): Somatosensory development. – In: Development of Perception, Academic Press: 259–292.

603. WYKE, B.D. (1973): Structural and functional characteristics of articular receptor system. – Acta chir. orthop. traum. Cs., **40**: 489–497.

604. YAMADA, M., G. OKADA, T. OTANI & Y. FUKUSHIMA (1976): Thermal sensitivity of the receptor in the knee joint. – Yonago Acta Med., **20**: 66–73.

605. YELLIN, H. (1969): A histochemical study of muscle spindles and their relationship to extrafusal fibre types in the rat. – Amer. J. Anat., **125**: 31–46.

606. YOSHIDA, Y., T. Ushiki, M. Takashio, B.L. Munger, C. Ide (1989): Membrane relationships in murine Meissner corpuscles: The cytology of freeze-substituted tissue. – Anat. Rec., **223**: 427–445.

607. ZACCONE, G. (1984): Immunohistochemical demonstration of neuron specific enolase in the nerve endings and skin receptors of marine eels. – Histochem. J., **16**: 1231–1236.

608. ZELENA, J. (1957): The morphogenetic influence of innervation on the ontogenetic development of musclespindles. J. Embryol. exp. Morph., **5**: 283–292.

609. ZELENA, J. (1978): The development of Pacinian corpuscle. – J. Neurocytol., **7**: 71–91.

610. ZELENA, J. (1981a): Degeneration of developing pacinian corpuscles after denervation and their regeneration upon reinnervation. – Folia morph. (Praha), **29**: 183–185.

611. ZELENA, J. (1981b): Multiple innervation of rat Pacinian corpuscles regenerated after neonatal axotomy. – Neurosci., **6**: 1675–1686.

612. ZELENA, J. (1981c): The fate of Pacinian corpuscles after denervation and reinnervation. – In: A. GORIO, H. MILLESI, and S. MINGRINO (eds), Raven Press, New York, Posttraumatic Peripheral Nerve Regeneration: Experimental Basis and Clinical Implications: 563–571.

613. ZELENA, J. (1982): Survival of Pacinian corpuscles after denervation in adult rats. – Cell Tiss. Res., **224**: 673–683.

614. ZELENA, J. (1984a): The effect of long-term denervation on the ultrastructure of Pacinian corpuscle in the cat. – Cell Tissue Res., **238**: 387–394.

615. ZELENA, J. (1984b): Multiple axon terminals in reinnervated Pacinian corpuscles of adult rat. – J. Neurocytol., **13**: 665–684.

616. ZELENA, J. P. HNIK (1960): Absence of spindles in muscles of rats reinnervated during development. – Physiol. bohemoslov., **9**: 373–381.

617. ZELENA, J. P. HNIK (1963): A new approach to muscle deafferentation. – In: E. GUTMANN and P. HNIK (eds), Academia, Prague, Central and Peripheral Mechanisms of Motor Functions. Proceedings of the Conference.: 87–91.

618. ZELENA, J. & T. SOUKUP (1977): The development of Golgi tendon organs. – J. Neurocytol., **6**: 171–194.
619. ZELENA, J. & T. SOUKUP (1983): The in-series and in-parallel components in rat hindlimb tendon organs. – Neurosci., **9**: 899–910.
620. ZIMMERMANN, M. (1976): Somato-viscerale Sensibilität: die Verarbeitung im Zentralnervensystem. – In: R. F. SCHMIDT und G. THEWS (eds), Springer-Verlag, Berlin, Physiologie des Menschen: 194–205.
621. ZIMMERMANN, M. (1978): Mechanoreceptors of the glabrous skin and tactile acuity. – In: R. PORTER (ed), Cambridge University Press, Cambridge, Studies in neurophysiology. Presented to A. K. McIntyre: 267–289.
622. ZIMNY, M. L., M. SCHUTTE & E. J. DABEZIES (1986): Mechanoreceptors in the human anterior cruciate ligament. – Anat. Rec., **214**: 204–209.
623. ZOLLMANN, P. E. & R. K. WINKELMANN (1962): The sensory innervation of common North America racoon (*Procyon lotor*). – J. comp. Neurol., **119**: 149–158.

Sachverzeichnis

Ziffern ohne Zusatz = Textstellen, Ziffern mit * = ausführliche Textstellen, halbfette Ziffern = Abbildungen.

Lieferung instalment	Autor, Titel Author, Title	Erscheinungsjahr Publication date
14	W. Krüger: Der Bewegungsapparat. Abschluß von Lieferung 13.	1958
15	W. Krüger: Bewegungstypen E.J. Slijper: Das Verhalten der Wale (Cetacea).	1958
16	Th. Haltenorth: Klassifikation (Monotremata) Th. Haltenorth: Klassifikation (Marsupialia).	1958
17	P.O. Chatfield: Physiologie der peripheren Nerven H. Brune: Rohstoffe der Haussäugetiere.	1958
18	L.S. Crandall: Über das Verhalten des Schnabeltieres in der Gefangenschaft H. Hediger: Verhalten der Marsupialier C.R. Carpenter: Soziologie und Verhalten freilebender nichtmenschlicher Primaten.	1958
19	H. Bartels: Physiologie des Blutes E.H. Hess: Lernen und Engramm.	1959
20	J.H. Schuurmans Stekhoven: Biologie der Parasiten der Säugetiere P. Cohrs & H. Köhler: Tod und Todesursachen bei Säugetieren.	1959
21	Th.H. Schiebler: Morphologie der Nieren.	1959
22	D. Starck: Ontogenie und Entwicklungsphysiologie der Säugetiere.	1959
23	G. Birukow: Statischer Sinn M. Watzka: Superfecundatio, Superfedatio, multiple Ovulation, Zwillinge, Mehrlinge bei Säugetieren.	1959
24	B. Kummer: Biomechanik des Säugetierskeletts.	1959
25	H. Grau & Boessneck: Der Lymphapparat E.J. Slijper: Die Geburt der Säugetiere.	1960
26	R. Ortmann: Die Analregion der Säugetiere.	1960
27	H. Hediger & H. Kummer: Das Verhalten der Schnabeligel H. Krieg & U. Rahm: Das Verhalten der Xenarthren (Ameisenbären, Faultiere und Gürteltiere); Das Verhalten der Schuppentiere U. Rahm: Das Verhalten der Erdferkel O. Kalela: Wanderungen.	1961
28	H.W. Matthes: Verbreitung der Säugetiere in der Vorzeit.	1962
29	K. Neubert & E. Wüstenfeld: Morphologie des akustischen Organs.	1962
30	J. Aschoff: Spontane lokomotorische Aktivität.	1962
31	J. Eibl-Eibesfeldt: Technik der vergleichenden Verhaltensforschung.	1962
32	Th. Haltenorth: Klassifikation: Artiodactyla.	1963
33	H. Elias: Leber- und Gallenwege.	1963
34	H. Hofer & J. Tigges Makromorphologie des Zentralnervensystems 1. Teil.	1964
35	R. Schneider: Larynx der Säugetiere.	1965
36	F. Strauss: Weibliche Geschlechtsorgane, 1. Teil.	1965
37	F. Goethe: Das Verhalten der Musteliden U. Rahm: Das Verhalten der Klippschliefer.	1965

Lieferung instalment	Autor, Titel Author, Title	Erscheinungsjahr Publication date
38	G. Dücker: Das Verhalten der Viverriden.	1965
39	J.F. Eisenberg: The Social Organization of Mammals.	1966
40	F. Strauss: Weibliche Geschlechtsorgane, 2. Teil.	1966
41	H. Schriever: Physiologie des akustischen Organs.	1967
42	H. Frädrich: Das Verhalten der Schweine (Suidae, Tayassuidae) und Flußpferde (Hippotamidae).	1967
43	D. Müller-Using & R. Schloeth: Das Verhalten der Hirsche (Cervidae).	1967
44	M. Montjé: Physiologie des Auges.	1968
45	L. Róka: Intermediärer Stoffwechsel.	1968
46	R. Schenkel & E.M. Lang: Das Verhalten der Nashörner.	1969
47	E. Thenius: Stammesgeschichte der Säugetiere (einschließlich der Hominiden), 1. Teil.	1969
48	E. Thenius: Stammesgeschichte der Säugetiere (einschließlich der Hominiden), 2. Teil.	1969
49	H. Klingel: Das Verhalten der Pferde (Equidae).	1972
50	W. Platzer: Morphologie der Kreislauforgane.	1973
51	M.R.N. Prasad: Männliche Geschlechtsorgane.	1975
52	W. Schober & K. Brauer: Makromorphologie des Zentralnervensystems, 2. Teil.	1975
53	W. Schultz: Der Magen-Darm-Kanal der Monotremen und Marsupialier.	1976
54	F.R. Walther: Das Verhalten der Hornträger (Bovidae).	1979
55	F. Strauss: Der weibliche Sexualzyklus	1986
56	E. Thenius: Zähne und Gebiß der Säugetiere	1989
58	M.S. Fischer: Hyracoidea	1992

Das Manuskript für das Sachregister, das alle sachdienlichen Hinweise auf den Text enthalten soll, ist nach Erhalt der umbrochenen Seiten zu erstellen.

Der Autor wird gebeten, eine Manuskriptkopie zurückzubehalten.

Als Sprache sind Deutsch und Englisch zugelassen.

Manuskripte, korrigierte Fahnen und Umbruch sind an den Herausgeber zu senden.

The manuscript of the subject index recording all pertinent statements made within the body of the text is to be prepared on receipt of the page proofs.

The author is requested to retain a copy of the manuscript.

The manuscripts are to be written in English or German.

Manuscripts, galley-proofs and page proofs should be sent to the editor.

Herausgeber/Editors

Professor
Dr. Jochen Niethammer
Zoologisches Institut der
Universität Bonn
Poppelsdorfer Schloss
D-5300 Bonn
Tel. (0228) 735457

Professor
Dr. Harald Schliemann
Zoologisches Institut und
Zoologisches Museum
Martin-Luther-King-Platz 3
D-2000 Hamburg 13
Tel. (040) 41 23 39 17

Professor
Dr. med. Dr. phil. h.c.
Dietrich Starck
Balduinstr. 88
D-6000 Frankfurt am Main 70

Schriftleiter/Managing Editor

Dr. Heinz Wermuth
Falkenweg 1
D-7149 Freiburg
Tel. (07141) 74977

Verlag/Publisher

Walter de Gruyter & Co.
Genthiner Str. 13
D-1000 Berlin 30
Tel. (030) 26005-0

Walter de Gruyter, Inc.
Scientific Publishers
200 Saw Mill River Road
Hawthorne, N.Y. 10532
USA
Tel. (914) 747-0110

Handbuch der Zoologie

Band VIII Mammalia

Band VIII Mammalia wird von nun an in Teilbänden mit einer fortlaufenden Numerierung erscheinen, die an die bisherige Zählung der Lieferungen anschließt. Jeder Teilband wird von 55 an gebunden geliefert.

Handbook of Zoology

Volume VIII Mammalia

Volume VIII Mammalia will appear from now on in parts with consecutive numeration in connection with the previous numeration of the instalments. Each part will be delivered bound from part 55 on.

Bisher sind erschienen/Already published

Lieferung instalment	Autor, Titel Author, Title	Erscheinungsjahr Publication date
1	K. Herter: Winterschlaf G. Lehmann: Das Gesetz der Stoffwechselreduktion.	1956
2	M. Meyer-Holzapfel: Das Spiel bei Säugetieren W. Fischel: Haushunde E. Mohr: Das Verhalten der Pinnipedier H. Pilters: Das Verhalten der Tylopoden.	1956
3	H. Mies: Physiologie des Herzens und des Kreislaufs H. v. Hayek: Die Lunge.	1956
4	W. Schoedel: Die Atmung.	1956
5	F. Tischendorf: Milz H.E. Voß: Der Einfluß endokriner Drüsen auf den Stoffwechsel der Säugetiere.	1956
6	C. Heidermanns: Physiologie der Exkretion E. Heinz & H. Netter: Wasserhaushalt.	1956
7	G.P. Baerends: Aufbau des tierischen Verhaltens P. Leyhausen: Das Verhalten der Katzen H. Frick: Morphologie des Herzens. Vergriffen.	1956
8	K. Lorenz: Methoden der Verhaltensforschung I. Eibl-Eibesfeldt: Ausdrucksformen der Säugetiere. M. Meyer-Holzapfel: Das Verhalten der Bären. Vergriffen.	1957
9	K. Herter: Das Verhalten der Insektivoren. G. Tembrock: Das Verhalten des Rotfuchses. Vergriffen.	1957
10	L. v. Bertalaffny: Wachstum.	1957
11	G. Siebert & K. Lang: Energiewechsel A. Kuritz: Das Autonome Nervensystem.	1958
12	I. Eibl-Eibesfeldt: Das Verhalten der Nagetiere.	1958
13	W. Krüger: Der Bewegungsapparat.	1958

Informationen für Autoren

Handbuch der Zoologie, Band VIII Mammalia

Verlag: Walter de Gruyter, Berlin
Herausgeber: D. Starck, H. Schliemann, J. Niethammer
Schriftleiter: H. Wermuth

Das Handbuch der Zoologie, Band VIII Mammalia (Säugetiere) behandelt das gesamte Gebiet der Speziellen Zoologie der Säugetiere. Es wird der gegenwärtige Stand der Kenntnisse in kurzer Form dargestellt, wobei vor allem die wesentlichen Tatsachen Berücksichtigung finden und auf offene, noch zu klärende Fragen hingewiesen wird.

Der Band VIII erscheint in Teilbänden mit fortlaufender Numerierung entsprechend dem Eingang der Beitragsmanuskripte.

Der Umfang der Manuskripte und der Termin für deren Ablieferung wird gemeinsam mit Autoren, Herausgebern und Verlag vertraglich festgelegt.

Jeder Teilband umfaßt
- Inhaltsübersicht
- Text
- Abbildungen (fortlaufend numeriert)
- Abbildungslegenden
- Tabellen (fortlaufend numeriert)
- Verzeichnis der Gattungs- und Artnamen mit Autor und Jahreszahl
- Sachregister mit Seitenzahl
- Literaturverzeichnis

Text: Das Manuskript soll mit Schreibmaschine (2facher Zeilenabstand) auf DIN-A-4-Blättern geschrieben sein. Links soll ein 3 cm breiter Rand frei bleiben. Wissenschaftliche Namen der Gattungen, Arten und Unterarten sind im Manuskript gewellt zu unterstreichen und werden kursiv gesetzt. Vorschläge für Kleindruck werden durch einen senkrechten Strich am linken Rand mit dem Zusatz „Petit“ gekennzeichnet. Im Text sollen Autorennamen der Taxa vermieden werden. Literaturhinweise erfolgen durch Nennung des Autors in eckigen Klammern evtl. mit Zusatz der Jahreszahl und bei Mehrfachzitierung verschiedener Arbeiten des gleichen Autors mit dem Zusatz a, b, c. Für die endgültige Vorbereitung des Manuskriptes für den Satz ist der Schriftleiter verantwortlich.

Information for Authors

Handbook of Zoology, Volume VIII Mammalia

Publishers: Walter de Gruyter, Berlin
Editors: D. Starck, H. Schliemann, J. Niethammer
Managing Editor: H. Wermuth

The Handbook of Zoology, Vol. VIII, Mammalia treats the whole field of the zoology of the mam mals. It briefly outlines current knowledge, laying particular emphasis on the most essential facts. Reference is made to important questions that are still open.

Volume VIII will be published in parts, numbered consecutively according to the receipt of the manuscripts.

The size of the manucripts as well as the data of submittance will be determined by the editors together with the contributors and the publisher.

Each part comprises
- Table of contents
- Text
- Illustrations (numbered consecutively)
- Legends to illustrations
- Tables (Numbered consecutively)
- Index of generic and species names with author and year
- Subject Index in alphabethical order
- References

Text: The manuscript should be typed double-spaced on DIN A4 paper (21 × 29,7 cm) with a left margin of 3 cm. Scientific names of genera and species should be marked with a wavy underline and will be set in italics. Suggestions for small type may be made by a vertical line in the left margin with the note "Petit". The names of authors of taxa should be avoided in the text. Literature citations should be made by giving the name of the author in square brackets, together with the year of publication, if desired. (In the case of citations for several works of the same author, they are to be distinguished by the addition of a, b, c, etc.) The Managing Editor is responsible for the final preparation of the manuscript for typesetting.

Das Literaturverzeichnis enthält alle Veröffentlichungen, die im Text zitiert werden, sie werden nach dem folgenden Muster in alphabetischer Reihenfolge aufgeführt.

Zeitschriftenbeiträge: Schildknecht, H., Maschwitz, V. & Winkler H. (1968): Zur Evolution der Carabiden-Wehrdrüsen-Sekrete. – Die Naturwissenschaften, Berlin, 3: 112–117.

Bücher oder andere selbständige Veröffentlichungen: Riedl, R. (1975): Die Ordnung des Lebendigen. Systembedingungen der Evolution. Paul Parey, Hamburg und Berlin.

Handbuchbeiträge: Stell, F.F. (1971): Mechanism of synaptic transmission. In: Neurosciences Research. (S. Ehrenpreis, ed.). Academic Press, New York, London. pp. 1–27

Unveröffentlichte Arbeiten sollen nur zitiert werden, wenn sie zur Veröffentlichung angenommen sind, und zwar unter Angabe der Zeitschrift, die die Arbeit angenommen hat:
Kuhn, H.-J. (1976): Antorbitaldrüse und Tränennasengang von Neotragus pygmaeus. – Z. Säugetierkunde (im Druck).
Periodica sollen im Literaturverzeichnis nach der „World list of scientific periodicals, published in the years 1900–1960" und folgende (Butterworths, London) zitiert werden.

Abbildungsvorlagen (Zeichnungen, Photos) sollen in reproduktionsfähigem Zustand geliefert werden. Die Abbildungen werden soweit wie möglich verkleinert, entweder auf die Breite einer Spalte (76 mm) oder auf die gesamte Satzbreite (157 mm). Die Höhe einer Spalte ist 238 mm. Für Abbildungen, die auf ¼ ihrer Größe (½ Breite oder Höhe) verkleinert werden sollen, werden Strichstärken von 0,5 bis 0,8 mm und eine Schriftgröße von 8 mm empfohlen. Es sollten Schriftschablonen benutzt werden (keine Schreibmaschinenschrift). Photos müssen kontrastreich sein, da im Druck etwas Kontrast verlorengeht.

Das Manuskript soll in drei gesonderten Teilen eingereicht werden:

1. Text
2. Abbildungen, Tabellen und Diagramme
3. Abbildungslegenden

The reference section must contain an alphabetical list of all references mentioned in the text. Please note the following examples.

Articles in journals: Schildknecht, H., Maschewitz, V. & Winkler, H. (1968): Zur Evolution der Carabiden-Wehrdrüsen-Sekrete. – Die Naturwissenschaften, Berlin, 3: 112–117

Books or other publications: Riedl, R. (1975): Die Ordnung des Lebendigen. Systembedingungen der Evolution. Paul Parey, Hamburg und Berlin.

Articles in reference works: Stell, F.F. (1971): Mechanism of synaptic transmission. In: Neurosciences Research. (S. Ehrenpreis, ed.). Academic Press, New York, London. pp. 1–27.

Unpublished material should only be cited when it has been accepted for publication. The name of the journal where the paper is to appear must be given:
Kuhn, H.-J. (1976): Antorbitaldrüse und Tränennasengang von Neutragus pygmaeus. – Z. Säugetierkunde (in press)
In the reference section scientific periodicals should be cited according to the "World list of Scientific Periodicals, Published in the Years 1900–1960" (Butterworths, London) and later listings.

Illustrations (drawings and photos) must be submitted in camera-ready form. The figures will be reduced as far as possible, either to the width of one column (76 mm) or two columns (157 mm). The length of a column is 238 mm. For a figure that is to be reduced to ¼ its size (½ length of side), lines of 0,5 to 0,8 mm and letters 8 mm high are recommended. A lettering device should be used (no typing). Photographs must be of good contrast as there is a loss of contrast in printing.

The manuscript should be submitted in 3 separate sections:

1. complete text
2. illustrations, tables and diagrams
3. legends to the illustrations

FSC
www.fsc.org
MIX
Papier | Fördert gute Waldnutzung
FSC® C083411

Zeitfracht Medien GmbH
Ferdinand-Jühlke-Straße 7
99095 Erfurt, Deutschland
produktsicherheit@kolibri360.de